绿色建造新技术 实录

主　编　冯立雷

副主编　李彦广　李　进　冯瑞丽

参　编　戴　胜　刘洋洋　毕中雷　张少朋　郑春伟
　　　　付　君　岳　鑫　黄泽俊　郑新上　苏长伟
　　　　任永振　白佳楠　申　瑾　马　博　宋斌斌
　　　　刘　康　郑水泉　龙海连　樊新胜　吴小志
　　　　崔　琪　朱正远　马　腾　杨鹏鹏　肖　鹏
　　　　吕美样　王浩天　魏雨蒙　刘培阳　刘以东

机械工业出版社
CHINA MACHINE PRESS

本书以一个绿色智慧工地的标杆项目——郑州航空港经济综合实验区河东棚户区项目的建造全过程为样本，结合近些年来我国在绿色建造、智慧工地建设的新进展和新成果，从该工程项目的整体介绍、施工技术创新、智慧工地建设、绿色建造、质量管控和安全生产等六个方面，利用大量的现场实拍视频、图片和简明的文字为我们提供了绿色建造的一个全面翔实的记录和剖析样本，对当前绿色建造、智慧工地建设的新进展、新应用、新成果进行了系统的梳理和讲解，为广大的工程建设者提供了一个可资借鉴和参考的样板工程施工实例，对广大的建筑施工与管理人员，特别是对于土木工程院校的师生更具有参考价值。

图书在版编目（CIP）数据

绿色建造新技术实录/冯立雷主编 . —北京：机械工业出版社，2021. 1

ISBN 978-7-111-66722-3

Ⅰ . ①绿… Ⅱ . ①冯… Ⅲ . ①生态建筑 – 建筑施工 Ⅳ . ①TU74

中国版本图书馆 CIP 数据核字（2020）第 189600 号

机械工业出版社（北京市百万庄大街 22 号 邮政编码 100037）

策划编辑：薛俊高 责任编辑：薛俊高

责任校对：刘时光 封面设计：张 静

责任印制：李 昂

北京瑞禾彩色印刷有限公司印刷

2020 年 11 月第 1 版第 1 次印刷

184mm×260mm · 10.5 印张 · 261 千字

标准书号：ISBN 978-7-111-66722-3

定价：79.00 元

电话服务 网络服务

客服电话：010-88361066 机 工 官 网：www. cmpbook. com

010-88379833 机 工 官 博：weibo. com/cmp1952

010-68326294 金 书 网：www. golden-book. com

封底无防伪标均为盗版 机工教育服务网：www. cmpedu. com

前　言
Preface

　　中国建筑集团有限公司（简称中国建筑）绿色建筑技术的发展，自20世纪80年代末参加中国政府与英国建设署合作的建筑节能项目开始。双方在建筑工程绿色设计、施工及建材开发等方面，开展了卓有成效的工作。2013年，中国建筑制定并印发了《关于推进中建绿色建筑技术加速发展的指导意见》，开始加大力度全面推进绿色建造工作；自2010年起，中国建筑先后主编了《建筑工程绿色施工评价标准》《建筑工程绿色施工规范》等国家标准，参编了《绿色建筑评价标准》《公共建筑节能设计标准》《绿色饭店建筑评价标准》《绿色博览建筑评价标准》等10余项国家标准；取得了国家标准《建筑工程绿色施工评价标准》的修编权；承担了"十二五"国家科技支撑项目中《建筑工程绿色建造关键技术研究与示范》《节材型模架体系开发研究与示范》《西部城镇生态规划与绿色建筑关键技术研究与示范》以及"十三五"国家重点研发计划项目中《绿色建造与智慧建造关键技术研究》等课题研究任务；向全社会发布了《中国建筑绿色建造倡议书》；制定颁布了《中国建筑节能减排管理规定》；开发了系列绿色建材、绿色建造技术，并形成了成套技术；搭建了绿色建筑整体运营平台，充分发挥公司全产业链优势，实现"投资—开发—设计—建造—运营"的全生命期一体化运作；积极参加国家绿色建造与绿色建造科技示范工程。

　　党的十八大以来，习近平总书记反复强调了"绿水青山就是金山银山"的科学论断；在党的十九大报告中，习近平总书记进一步明确了加快生态文明体制改革、建设美丽中国的总体要求和目标。在这一理念指导下，全国范围内对环境保护的监管执法更加规范化和严格化。对房建工程施工单位来说，注重生态文明建设、践行绿色建造理念，不仅是一项艰巨而紧迫的任务，更是需要积极探索并持续完善的健康发展之路。

　　本书的作者，都是近年来从事绿色建造实施和企业管理的一线人员。书中所介绍的绿色建造技术以中国建筑第二工程局有限公司承建的郑州航空港经济综合实验区河东棚户区工程为载体，实录绿色建造新技术在工程中的应用，介绍了部分绿色建造新技术的设计、施工技术和工艺。本书既可作为绿色建造的入门读物和培训教材，也可作为工程管理人员的案头工具书和政府相关部门管理者的参考书，更可作为土木院校师生的必要的传统教材的补充。

C目 录
ontents

第1章　概　况

1.1　什么是绿色建造

1.1.1　绿色建造的定义

绿色建造是指工程建设中，在保证质量、安全等基本要求的前提下，通过科学管理和技术进步，最大限度地节约资源与减少对环境负面影响的施工活动，实现"四节一环保"（节能、节地、节水、节材和环境保护）。工程施工过程对资源的大量消耗以及对环境的集中性、突发性和持续性影响，决定了建筑业推进绿色建造的迫切性和必要性。绿色建造已经成为我国建筑业的发展趋势。

绿色建造着眼于资源高效利用和环境保护，主要包含以下4层内容：①尽可能采用绿色建材和设备；②节约资源，降低消耗；③清洁施工过程，控制环境污染；④基于绿色理念，通过科技和管理进步的方法，对设计产品所确定的工程做法、设备和用材提出优化和完善的建议，促使施工过程安全文明，实现建筑产品的安全性、可靠性、适用性和经济性。

绿色建造基于国家和社会的整体利益，是我国可持续发展战略在工程施工中的具体运用，是强调施工过程与环境友好、促进建筑业可持续发展的一种新的施工模式。绿色建造本身不是指某项具体技术，而是对工程施工提出的更高要求。绿色建造要求在工程施工过程中，通过科学管理和技术进步，以工程承包方为主导，由相关方（政府、业主、总承包、设计和监理）共同推进环境保护和资源的高效利用，提升工程施工的总体水平。

1.1.2　绿色建造的原则

1. 减少场地干扰、尊重基地环境

绿色建造要减少场地干扰：工程建造过程会严重扰乱原场地环境，这一点对于未开发区域的新建项目尤其严重。场地平整、土方开挖、施工降水、永久及临时设施建造、场地废物处理等均会对场地上现存的动植物资源、地形地貌、地下水位等造成影响；还会对场地内现存的文物、地方特色资源等带来破坏，影响当地文脉的继承和发扬。因此，建造中减少场地干扰、尊重基地环境对于保护生态环境，维持地方文脉具有重要的意义。业主、设计单位和承包商应当识别场地内现有的自然、文化和构筑物特征，并通过合理的设计、施工和管理工作将这些特征保存下来。可持续的场地设计对于减少这种干扰具有重要的作用。就工程建造而言，承包商应结合业主、设计单位对承包商使用场地的要求，制订满足这些要求的、能尽量减少场地干扰的场地使用计划。计划中应明确：

（1）场地内哪些区域需要被保护、哪些植物需要被保护，并明确保护的具体措施。

（2）怎样在满足施工、设计和经济要求的前提下，尽量减少清理和扰动的区域面积，尽量减少临时设施及施工用管线。

（3）场地内哪些区域将被用作仓储和临时设施建设，如何合理安排承包商、分包商及各工种对施工场地的使用，减少材料和设备的搬动。

（4）各工种为了运送、安装和其他目的等对场地通道的具体要求。

（5）废物将如何处理和消除，如有废物回填或填埋，应分析其对场地生态、环境的影响。

（6）怎样将场地与公众生活区域隔离。

2. 绿色建造应结合当地气候

承包商在选择施工方法、施工机械，安排施工顺序，布置施工场地时应结合当地的气候特征。这样不仅可以减少因为气候原因而带来施工措施费的增加及资源和能源用量的增加，从而有效降低施工成本；而且还可以减少因为额外措施对施工现场及环境的干扰；也有利于施工现场环境质量品质的改善和工程质量的提高。

承包商要做到施工结合当地气候，首先要了解现场所在地区的气象资料及特征，主要包括：降雨、降雪资料，如：全年降雨量、降雪量、雨期起止日期、一日最大降雨量等；气温资料，如年平均气温、最高、最低气温及持续时间等；风的资料，如风速、风向和风的频率等。

施工结合气候主要体现在：

（1）承包商应尽可能合理地安排施工顺序，使容易受到不利气候影响的施工工序能够在不利气候来临时完成。如在雨季来临之前，完成土方工程、基础工程的施工，以减少地下水位上升对施工的影响，减少其他需要增加的额外雨期施工保证措施投入。

（2）安排好全场性排水、防洪，减少对现场及周边环境的影响。

（3）施工场地布置应结合气候，符合劳动保护、安全、防火的要求。产生有害气体和污染环境的加工场（如沥青熬制、石灰熟化）及易燃的设施（如木工棚、易燃物品仓库）应布置在下风向，且不危害当地居民；起重设施的布置应考虑风、雷电的影响。

（4）在冬期、雨期、风季、炎热夏季施工中，应针对工程特点，尤其是对混凝土工程、土方工程、深基础工程、水下工程和高空作业等，选择适合的季节性施工方法或有效措施。

3. 绿色建造要求节水、节电、环保

节约资源（能源）建设项目通常要使用大量的材料、能源和水资源。减少资源的消耗，节约能源，提高效益，保护水资源是可持续发展的基本观点。施工中资源（能源）的节约主要有以下几方面内容：

（1）水资源的节约利用。通过监测水资源的使用，安装小流量的设备和器具，在可能的场所重新利用雨水或施工废水等措施来减少施工期间的用水量，降低用水费用。

（2）节约电能。通过监测利用率，安装节能灯具和设备、利用声光传感器控制照明灯具，采用节电型施工机械，合理安排施工时间等降低用电量，节约电能。

（3）减少材料的损耗。通过更仔细的采购，合理的现场保管，减少材料的搬运次数，减少包装，完善操作工艺，增加摊销材料的周转次数等降低材料在使用中的消耗，提高材料的使用效率。

（4）可回收资源的利用。可回收资源的利用是节约资源的主要手段，也是当前应加强的方向。主要体现在两个方面，一是使用可再生的或含有可再生成分的产品和材料，这有助于将可

回收部分从废弃物中分离出来，同时减少了原始材料的使用，即减少了自然资源的消耗；二是加大资源和材料的回收利用、循环利用，如在施工现场建立废物回收系统，再回收或重复利用在拆除时得到的材料，可减少施工中材料的消耗量或通过销售来增加企业的收入，从而也降低了企业运输或填埋垃圾的费用。

4. 减少环境污染，提高环境品质

绿色建造要求减少环境污染。工程建造中产生的大量灰尘、噪声、有毒有害气体、废物等会对环境品质造成严重的影响，也将有损于现场工作人员、使用者以及公众的健康。因此，减少环境污染，提高环境品质也是绿色建造的基本原则。提高与施工有关的室内外空气品质是该原则的最主要内容。在施工过程中，扰动建筑材料和系统所产生的灰尘，从材料、产品、施工设备或施工过程中散发出来的挥发性有机化合物或微粒均会引起室内外空气品质问题。这些挥发性有机化合物或微粒会对健康构成潜在的威胁和损害，因此需要特殊的安全防护。这些威胁和损伤有些是长期的，甚至是致命的。而且在建造过程中，这些空气污染物也可能渗入邻近的建筑物，并在施工结束后继续留在建筑物内。这种影响尤其对那些需要在房屋使用者在场的情况下进行施工的改建项目更需引起重视。常用的提高施工场地空气品质的绿色建造技术措施一般有：

（1）制定有关室内外空气品质的施工管理计划。

（2）使用低挥发性的材料或产品。

（3）安装局部临时排风或局部净化和过滤设备。

（4）进行必要的绿化，经常洒水清扫，防止建筑垃圾堆积在建筑物内，贮存好可能造成污染的材料。

（5）采用更安全、健康的建筑机械或生产方式，如用商品混凝土代替现场混凝土搅拌，可大幅度地消除粉尘污染。

（6）合理安排施工顺序，尽量减少一些建筑材料，如地毯、顶棚饰面等对污染物的吸收。

（7）对于施工时仍在使用的建筑物，应将作业中会产生有害物质的工作安排在非工作时间进行，并与通风措施相结合，在进行此类工作以及工作完成以后，及时用室外新鲜空气对现场进行通风。

（8）对于施工时仍在使用的建筑物，将施工区域保持负压或升高使用区域的气压会有助于防止施工中产生的空气污染物污染扩散区域。

对于噪声的控制也是防止环境污染，提高环境品质的一个方面。当前我国已经出台了一些相应的规定对施工噪声进行限制。绿色建造也强调对施工噪声的控制，以防止施工扰民。合理安排施工时间，实行封闭式施工，采用现代化的隔离防护设备，采用低噪声、低振动的建筑机械如无声振捣设备等，都是控制施工噪声的有效手段。

5. 实施人力资源节约与保护

工程建造要投入大量的劳动力资源，人的群集性活动也会给社会和生态带来极大的压力；工程建造的过程同时存在着安全风险；随着社会老龄化的日趋严重和从业人员思维的转变，建筑业从一个人员充足的行业正逐步向人员紧缺的行业转变，如何在建造过程中节约和保护人力资源也必然是绿色建造中极其重要的一个方面：

（1）承包企业应建立人力资源节约和保护管理制度。

（2）绿色建造策划文件中应涵盖人力资源节约与保护的内容。

（3）施工现场人员应实行实名制管理。

（4）现场食堂应办理卫生许可证，炊事员应持有效健康证明。

（5）关键岗位人员应持证上岗。

（6）应针对空气污染程度，采取相应措施。

6. 实施科学管理，保证施工质量

实施绿色建造，必须要实行科学管理，提高企业管理水平，使企业从被动地适应转变为主动地响应，使企业实施绿色建造制度化、规范化。这将充分发挥绿色建造对促进可持续发展的作用，增加绿色建造的经济性效果，增加承包商采用绿色建造的积极性。企业通过 ISO14001 认证是提高企业管理水平，实行科学管理的有效途径。

实施绿色建造应尽可能减少对场地的干扰，提高资源和材料的利用效率，增加材料的回收利用等，但采用这些手段的前提是要确保工程质量。好的工程质量，可延长项目寿命，降低项目日常运行费用，有利于使用者的健康和安全，促进社会经济发展，其本身就是可持续发展的最好体现。

1.2 绿色建造的特点

绿色建造技术支撑绿色建造，推广应用绿色建造技术可确保工程项目的建造达到绿色建造评价的有关指标。

绿色建造技术的发展是对传统经济发展模式的挑战，它摒弃了传统建造技术机械主义的设计（Mechanistical Design）、量化的思路（Reductionist Thinking）以及局部孤立方式（Parts）等诸多弊端，其发展符合新经济的范式，具有以下特点：

（1）施工技术智能化与工业化相结合，形成了新型工业化发展的趋势。

（2）以循环经济理论为指导，通过全生命周期的考量，确定绿色建造技术的经济技术指标。

（3）末端治理与施工工艺过程相结合，绿色建造技术贯穿施工全过程。

（4）均衡精细化与整合效应，绿色建造技术提升了施工过程系统性绩效。

（5）低碳要求与健康指标相平衡，施工过程中可实现人与自然的高度统一。

（6）仿生自然高科技逐步渗透，技术进步更加符合自然法则。

（7）内外部效应相统一，绿色建造追求技术进步与经济合理的规则。

（8）绿色建造融合了多学科的技术，其应用具有集成性与实践性特征。

1.3 绿色建造在我国的发展现状

绿色建造并不是一种全新的思维。当前承包商以及建设单位为了满足政府及大众对文明施工、环境保护和减少噪声的要求，同时为了提高企业自身形象，一般均会采取一定的技术措施来降低施工噪声、减少施工扰民、减少环境污染等，尤其在政府要求严格、大众环保意识较强的城市进行施工时，这些措施会更加严格有效。但是，不可否认，目前大多数承包商在采取这些绿色建造技术时是比较被动、消极的，对绿色建造的理解也是比较单一的，还不能够积极主动地运用适当的技术、科学的管理方法以系统的思维模式、规范的操作方式从事绿色建造。事实上，绿色建造并不仅仅是指在工程施工中实施封闭施工，没有尘土飞扬，没有噪声扰民，在工地四周栽花、种草，实施定时洒水等，更包括了其他大量的内容。它同绿色设计一样，涉及可持续发展的各个方面，如生态与环境保护、资源与能源利用、社会与经济发展等。真正的绿色建造应当是将"绿色方式"作为一个整体理念，系统地运用到施工中去，将整个施工过程作为一个微观系统进行科学的绿色建造组织设计。绿色建造技术除了文明施工、封闭施工、减少噪声扰民、减少环境污染、清洁运输等外，还包括减少场地干扰、尊重基地环境，结合气候施工，节约水、电、材料等资源或能源，采用环保健康的施工工艺，减少填埋废弃物的数量，以及实施科学管理、保证施工质量等。

当前，大多数承包商只注重按承包合同、施工图纸、技术要求、项目计划及项目预算完成项目的各项目标，缺少主动地运用现有的成熟技术和高新技术来充分考虑施工的可持续发展，绿色建造技术并未随着新技术、新管理方法的运用而得到充分的应用。施工企业还没有把绿色建造能力作为企业的核心竞争力，更不能积极地充分运用科学的管理方法采取切实可行的行动去保护环境、节约能源。

1.4　影响我国绿色建造推进的原因

1.4.1　公众对绿色建造认识不足

绿色建造意识的加强与整个环保意识的加强是相辅相成的。当前，包括政策的制定者、业主、设计者、施工人员及公众在内，人们对环保的认识普遍不够，公众环保意识水平仍有待提升。我国公众环境意识的特点主要表现在：说得多，做得少；学者和政府官员对环境问题关注较多，而一般居民的环境意识普遍欠缺；城镇居民的环境意识较强，但广大农村居民的环境意识普遍欠缺。在工程项目的建造过程中，由于建筑施工作业的特点，以及一线从业人员受教育水平普遍偏低，他们对施工过程的环境保护、能源节约意识不强，似乎已习惯了刺耳的噪声、随意的浪费和一些习惯性的不良做法。

1.4.2　施工企业经济效益的驱动

一些绿色建造技术的运用需要增加建筑成本，如无声振捣，现代化隔离防护、节水节电等对可持续发展有利的新型设备，有利于可持续的建造方法的研究与确定。但一般来说，承包商的目标是以最低的成本及最高的利润在规定的时间内建成项目。除非几乎不增加费用，或者已经在合同中加以规定，或者承包商在经济上有收益，否则承包商很少会去实施与环境保护或可持续发展有关的工作。

绿色建造概念的应用同样可以在施工中产生节约的效果。例如通过减少对施工现场的破坏、土石方的挖运和人工系统的安装，降低现场清理费用；通过监测耗水量、在有可能的场合重新利用雨水或施工废水，降低用水费用；通过施工和拆除废料的重新利用，降低填埋场的额外收费和运输费；通过更仔细的采购以及资源和材料的重新利用，降低材料费；减少由于恶劣的室内空气品质引起的员工健康问题等。

但是，当前承包商采用的绿色建造技术或施工方法，其经济效果并不明显。很多情况下，由于绿色建造被局限在封闭施工、减少噪声扰民、减少环境污染、清洁运输等目的，通常还要求增加一定的设施或人员投入，或需要调整施工作业时间，因此反会带来成本的增加。而一些节水节电措施如果没有系统地长期采用，则由于其节约的费用可能低于其投入也难以得到推广应用。

1.4.3 制度措施不完善

由于缺乏系统科学的制度体系，使得政府在宏观调控上缺乏有效的手段，各个部门的标准不同，给执行带来了较大的困难。一方面，当前我国建设行政管理部门对施工现场的管理主要体现在对文明施工的管理上，对于绿色建造还没有系统科学的制度来予以促进、评价及管理；缺乏必要的评价体系，不能以确定的标准来衡量企业的绿色建造水平。另一方面，当前我国建筑市场仍存在一些不良现象，各项改革正在进行中，如不规范的建筑工程承发包制导致一些施工企业并不是通过改进施工技术和施工方法来提高竞争力；建筑工程盲目压价现象严重，导致承包商的利润较低，催动技术革新的经济承受能力有限。

1.4.4 建筑技术水平及管理水平较低

由于建筑施工具有土地附着性、材料加工性、设备依赖性、技术移植性和劳动密集性等特点，建筑业技术进步主要依赖于如新材料、新能源和新生产装备制造等其他行业先进技术的横向转移和渗透。一定意义上讲，这些行业的技术水平决定了当前建筑施工的技术水平。同时我国建筑施工企业普遍存在人员整体素质不高、企业管理水平较低的现象。企业采用绿色建造技术带有很强的随意性，缺少制度化、规范化，无法采用科学的管理方法和手段，反而导致成本上升，绿色建造经济性效果更差，形成恶性循环。

1.5 绿色建造推进措施

建筑业推进绿色建造面临的困难和问题不少。因此，迅速造就全行业推进绿色建造的良好局面，是摆在政府、建筑行业和相关企业面前迫切需要解决的问题。绿色建造不能仅限于概念炒作，必须着眼于政策法规保障、管理制度创新、四新技术开发、传统技术改造上，以此促使政府、业主和承包商多方主体协同推动，方能取得实效。针对目前存在的问题，可以通过下面的具体措施来加以推动解决。

1.5.1 提高民众绿色建造意识

（1）进行广泛深入的教育、宣传，加强培训。目前，人们对绿色建造的认识仍然不足，在项目建设的全过程中，对施工阶段的可持续发展缺乏重视。而对绿色建造意识的加强，离不开生态环保意识的加强。在基础教育中，应进一步提高公众的绿色环保意识；在继续教育中使工程建设各方都能正确全面地理解绿色建造，充分认识绿色建造的重要性；强化建筑工人教育，提高建筑企业的职工素质，对承包商进行有利于可持续发展的行为教育，并使其从中受益。

（2）建立示范性绿色建造项目及施工企业。按照绿色建造原则建立示范性绿色建造项目和绿色建造推广应用示范单位，注重绿色建造经济性效果的比较，用鲜活的例子来展示，会起到显著的效果。绿色建造示范项目不应仅仅是没有尘土飞扬，没有噪声扰民，在工地四周栽花种草、定时洒水、清洁运输等内容，更应包括场地分析与评价、可持续的场地施工方法、结合气候施工、能源的节约、3R 材料（可重复、可循环、可再生）的使用，减少填埋废弃物、实施科学管理等综合内容。

（3）建立和完善绿色建造的民众参与机制。民众参与机制可以挖掘民众对绿色建造的积极性，促进绿色建造的发展，从而形成一个自下而上的绿色推动机制。在施工准备阶段，充分了解民众的要求，进行科学的施工组织设计，以最大限度地减少对周围环境的影响。

1.5.2　加强绿色建造的政策引导

建设主管部门应借鉴先进国家的成功经验，加紧制定有关促进绿色建造的法律法规，尽快建立健全政策法规体系，依法要求施工企业和有关部门遵守绿色建造的有关规定。可采用财政税收等经济手段建立有效的激励制度，增强企业自主实施绿色建造的主动性、积极性。对建设项目施工过程进行绿色建造评估，对达到标准的施工企业降低税收比例，以补偿采取绿色建造措施增加的费用支出；对达不到标准的施工企业提高税收比例，以增加其社会责任成本。另外，应建立一些利于推进绿色建造的制度，鼓励业主将绿色建造准则纳入施工图和技术要求中，将环境等责任加入到建设合同中，并在建造期间监督承包商加以遵守。可将一些文明施工管理办法完善为绿色建造管理办法，使其范围更广，内容更丰富，为绿色建造创造良好的运行环境。

1.5.3　建立健全绿色建造制度体系

科学系统的法规、制度体系是推动绿色建造及其技术应用的关键，在人们的思想意识尚未达到理性的自觉时，需要靠政府部门的参与和引导及切合实际的法规。制定有前瞻性的市场规则和法规体系，形成一个自上而下的强大推动力，才能激发自下而上的积极呼应。绿色建造的法规可以是环境保护法规的分支及施工现场管理的规定，它的制定是一个系统工程，需要多行业、多学科的参与协调。

目前，我国建筑法规应继续加强对环境保护和资源节约等方面的规定，技术标准及规范也应继续加强对绿色建造的要求，并不断随着新技术、新工艺的发展进行更新。应建立一些利于推进绿色建造的制度，如针对政府投资的建设项目，可在招标文件中明确承包商应在投标书中说明的有关可持续发展的要求，并在工程承包合同中予以覆盖；可提出承包商应通过 ISO 14001 环保认证的要求；对于其他社会投资项目则可通过税收、奖励等制度促进绿色建造的应用，鼓励业主将绿色建造准则纳入施工图和技术要求中，将环境等责任加入建造合同，并在建造期间监督承包商加以遵守。此外，还可建立绿色建造责任制、施工单位的社会承诺保证机制、社会各界共同参与监督的制约机制。可将承包商运用绿色建造技术的程度，作为工程评标和评优的依据；可将一些"文明施工"管理办法完善为"绿色建造"或"绿色文明施工"管理办法，使其范围更广，内容更丰富；同时进一步完善施工中的保险与索赔制度，为绿色建造创造良好的运行环境。

1.6 实录工程概况

视频：
现场三维漫游

郑州航空港是中国首个国家级航空港经济综合实验区，是集航空、高铁、城际铁路、地铁、高速公路于一体的综合枢纽，是以郑州新郑国际机场为核心的航空经济体和航空都市区，建成后将成为郑州经济发展的新板块和中原经济区的龙头，战略定位是国际航空物流中心、以航空经济为引领的现代产业基地、内陆地区对外开放的重要门户及现代航空都市。

郑州航空港经济综合实验区（郑州新郑综合保税区）河东一至三棚户区为政府重点民生工程，总建筑面积471万 m^2，建设地址位于郑州航空港经济综合实验区（郑州新郑综合保税区）规划领事馆北一路以南，规划领事馆北二街以东，国泰路以西。

河东第二棚户区三标段建筑面积89.25万 m^2，共包含1号、2号、3号、4号地块，总计30栋高层建筑（地上33层、地下3层），4栋综合商业楼，合计安置户数5120户，具体如图1.6-1～图1.6-3所示。

图1.6-1　河东第二棚户区位置示意图

图1.6-2　河东第二棚户区效果图

河东二棚三标项目全景图

图1.6-3　河东第二棚户区项目全景图

1.6.1　工程参建单位

建设单位：郑州航空港区航程置业有限公司

设计单位：五洋建设集团股份有限公司

勘察单位：河南省建筑设计研究院有限公司

监理单位：山东泰和建设管理有限公司

施工总承包单位：中国建筑第二工程局有限公司

1.6.2　工程特点

1. 适老化安置房

近年来，河南省以郑州机场为核心打造"郑州航空港经济综合实验区"，并力图将这个

"综合实验区"打造成为中原经济区发展的引擎和国家内陆的开放高地，而且未来的实验区将是一个宜居、生态、绿色、环保等为一体的"新都市"。为此，2013年，郑州航空港经济综合实验区提出了"全域城镇化"的目标，415平方公里全域内合村并城谋划工作正式全面启动。

合村并城作为新型城镇化建设的内容之一，是郑州都市区建设的重要组成部分，也是提高群众生活质量，促进产业集聚，实现产城融合，带动经济发展的重要举措。面对郑州市航空港经济综合实验区土地资源日益紧缺和居民迫切改善生活环境的需要，为了贯彻落实国家、河南省及郑州市各级政府关于合村并城的实施指导意见，改善项目周边居民居住环境和生活水平，同时推动郑州航空港经济综合实验区的改造步伐，不断提高郑州市的经济发展水平。在合村并城安置居民工作中，首要考虑的是老幼问题。项目启动前，在可行性研究中就将适老化纳入研究的范畴，提出了适老化的设计理念。在住宅等建筑中充分考虑到老年人的身体机能及行动特点做出了相应的设计，包括无障碍设计等，以满足已经进入老年生活或以后将进入老年生活的人群的生活及出行需求。适老化设计将使建筑更加人性化，适用性更强。

适老化设计应坚持"以老年人为本"的设计理念，从老年人的视角出发，切实去感受老年人的不同需求，从而设计出适应老年人生理以及心理需求的建筑及室内空间环境，最大限度地去帮助这些随着年龄衰老出现身体机能衰退，甚至是功能障碍的老年人，为他们的日常生活和出行提供尽可能的方便。

2. 海绵城市

为了有效缓解城市内涝、削减城市径流污染负荷、节约水资源、保护和改善城市生态环境，本项目采用部分"海绵城市"系统。

海绵城市是指城市能够像海绵一样，在适应环境变化和应对自然灾害等方面具有良好的"弹性"，下雨时吸水、蓄水、渗水、净水，需要时将蓄存的水"释放"并加以利用。海绵城市建设应遵循生态优先等原则，将自然途径与人工措施相结合，在确保城市排水防涝安全的前提下，最大限度地实现雨水在城市区域的积存、渗透和净化，促进雨水资源的利用和生态环境保护。

结合郑州市自然地理特征、水文条件、降雨特征、内涝防治等要求，本项目因地制宜地采用了"渗、蓄、滞、用、排"等措施，科学选用低影响开发设施及其系统组合，提高了水生态系统的自然修复能力，维护了区域良好的生态功能。

3. 外墙建筑结构保温一体化

建筑节能与结构一体化技术是集建筑保温功能与墙体围护功能于一体，墙体不需要另行采取保温措施即可满足现行建筑节能标准的要求，实现保温与墙体同寿命的建筑节能技术。界定一体化技术的概念需要满足三个条件：一是建筑墙体保温应与结构同步施工，同时保温层外侧应有足够厚度的混凝土或其他无机材料防护层；二是施工后结构保温墙体无须再做保温即能满足现行节能标准要求；三是能够实现建筑保温与墙体同寿命。满足上述条件方能称为建筑节能与结构一体化。

建筑结构保温一体化有以下特点：

（1）保温与建筑物整体同寿命。自保温体系外围护墙体填充复合自保温砌块，梁、柱等热桥部位采用永久性复合保温外模板进行现场浇筑成型，实现了建筑物保温与结构整体同寿命的目的。

（2）优良的防火性能。外部为混凝土，内部填充具有阻燃性的聚苯板，防火性能优良，消除了火灾隐患。

（3）自重轻、强度高。整体上减小了建筑物自重，提高了建筑质量。

（4）施工工艺简单，易于推广应用。

（5）降低了工程造价。减少了工序，提高了施工效率，缩短了工期。

第2章 施工技术创新

2.1 建筑结构保温一体化技术

2.1.1 概述

SW（Sandwich Wall 夹芯墙的英文缩写）建筑体系是在专用设备上预制好钢网夹芯板，将这种板通过喷涂、预制、现浇等不同施工方法植入到混凝土墙体中，构成新型的钢网夹芯混凝土剪力墙结构，是一种集保温、防火与承重结构一体化的建筑技术。它是由保温剪力墙（或保温夹芯剪力墙）外墙，夹芯剪力墙内墙或普通现浇剪力墙内墙，现浇柱、梁及边缘构件，以及现浇或装配整体式楼（屋）盖组成的钢筋混凝土剪力墙结构房屋建筑。

混凝土夹芯剪力墙是以工厂定型生产的钢丝网架聚苯夹芯板为基板，两侧喷涂或现浇混凝土后，与现浇暗梁、暗柱和边缘构件整体相连，形成带边框的一种夹芯剪力墙。边框对夹芯剪力墙的刚性约束，提高了墙体的整体性和承载力；边框形成的"构造框架"增加了结构抗倒塌能力；墙体抗震试验表明，其极限位移角可达到 1/120，满足了剪力墙结构在大震作用下弹塑性变形的要求。

用于外墙的保温剪力墙及保温夹芯剪力墙，构造科学合理，保温效果显著。夹芯剪力墙的耐火等级不低于二级，保温剪力墙及保温夹芯剪力墙为混凝土复合夹芯保温，外墙装饰可干挂石材，墙体构造实现了保温材料与结构的同寿命。建筑结构保温一体化在河南市场主要有 CL体系、SW 体系、CCW 体系。相比而言，SW 体系、CCW 体系施工后质量效果较好。建筑结构保温一体化主要解决了建筑外保温的消防问题，避免了传统保温易燃、快燃、高层建筑发生火灾时出现烟囱效应等问题。

2.1.2 建筑结构保温一体化的优势

1. 普通混凝土浇筑方便易操作

施工过程中采用普通混凝土由内向外循环浇筑结构层与保温层，可在施工时按照规范要求振捣，其固定网片紧靠保温板，可以保证振捣施工时不会破坏保温板。符合传统施工工艺，不必改变工人的施工习惯。

2. 保温板不位移、不变形

保温一体化施工，是将保温板一侧或两侧设双层钢筋焊接网，通过模板顶丝焊接成钢丝网架，再通过一定间距穿透保温板的插丝与钢筋网架焊接成整体，形成焊接钢筋网架保温板。顶丝凸出钢筋网片一定长度，顶撑于模板，插丝穿透保温板一定长度用于与结构混凝土的连接，形成支撑与连接系统，保证混凝土浇筑过程中不发生位移和变形，可满足结构层、保温层和保护层的尺寸并保持平行一致，如图 2.1-1 所示。

  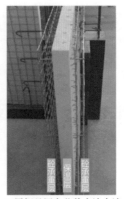 

单层钢丝网夹芯剪力墙内墙　　　双层钢丝网夹芯剪力墙内墙　　　保温剪力墙外墙

图 2.1-1　保温一体化示意图（注：图中砼指混凝土，余同）

3. 建筑保温与结构同寿命

建筑结构保温一体化体系是把一种永久的保温材料植入墙体中，构成新型复合钢筋混凝土剪力墙结构体系，保温层与结构层同时浇筑，保温层与结构层同寿命，解决了传统墙体保温层开裂、渗水、空鼓、脱落等工程质量隐患，无须二次维修和更换。

4. 防火性能好

保温层两侧浇筑混凝土，混凝土保护层厚度均大于 50mm，内置的保温层完全与外界的火源隔离，耐火极限达 3h 以上，防火性能达到国家《建筑设计防火规范》A 级标准，在高温下也不会产生有害气体。

5. 节能环保性能好

现浇混凝土内置保温体系由于其结构优势，而具有良好的保温隔热性能。同时，该体系的焊接钢筋网架板不使用任何黏土制品，可有效保护耕地，节约能源，减少建筑垃圾的排放。

2.1.3　建筑结构保温一体化的施工要点

1. 工艺流程

清理基底杂物→弹线定位→校正墙柱插筋→绑扎墙柱钢筋→安装保温网架板→安放连接件和 L 形拉钩→安装角网平网→模板下口找平→模板就位→校正模板→固定模板→搭设脚手架→浇筑混凝土→拆除脚手架→拆模清理模板→养护混凝土。

2. 施工图审查

在施工准备期间，进行图纸会审时，审查的主要内容是施工图纸与设计说明在内容上是否一致，建筑图与结构图在尺寸、坐标、标高和说明方面是否一致，水、电、暖、土建等专业图纸之间是否有冲突。设计要求的施工方法是否可行，结构保温体系施工图节点与规程规定的节点是否一致；保温剪力墙标注是否清晰，布置的位置等是否合理，是否便于施工安装；保温剪力墙连接施工缝留设是否合理，是否满足相关规定要求，其规格、尺寸是否便于生产、运输、安装；配套使用的建材是否达到外墙保温体系要求的相关性能。

3. 网架板安装前的准备工作

（1）网架板安装前，应在已经浇筑的混凝土楼层面根据施工图纸进行轴线定位放线，然后用墨斗分别弹出剪力墙、暗柱、门窗洞口及模板控制线。

（2）根据控制线整理矫正剪力墙板、暗柱以及网架板位置和预留插筋；随后进行主体结构钢筋及暗柱钢筋的绑扎和验收。

（3）安装网架板前，对下层预留搭接网片及杂物部分进行整理，将杂物清理出来，并将不平整部分修整平整，不得出现大的高差，以便于下一步的保温板安装。

（4）对照每层的保温板安装图示，对保温板编号进行检查排位，并对安装工人进行指导培训。

4. 吊装要求

网架板吊装时，一定要根据网架板的所在位置的编号装入吊装箱进行吊装。网架板吊装时用专用吊装箱把网架板吊放在相应楼层支撑好的顶板模板上，然后再人工抬到工作面安装，依据网架板安装平面布置设计编号，对号入座。

5. 网架板的安装

（1）内、外墙钢筋绑扎自检合格后报监理方验收，监理方验收合格后方可进行网架板安装，网架板安装应在顶板模板支设出足够工作面后开始。

（2）网架板就位时，应对准墙板边线，尽量一次就位，同时确保墙板垂直度，并及时将网架板与楼面预埋锚固筋、相连的墙筋绑扎固定。

（3）保温网架板安装就位后，进行绑扎固定和安装连接件，连接件的安装应严格按照保温板上预留的位置安装，如现场发现连接件预留孔洞与主体钢筋发生冲突，可在旁边重新开口，但开口位置应满足以下要求，距离构件边缘不大于150mm，连接件孔洞间距400mm，连接件在安装时应尽量保证与保温板垂直。

（4）钢筋剪力墙支设模板时，应在剪力墙部位设水泥垫块，用以保证剪力墙混凝土厚度，防止保温板向内侧位移。

6. 混凝土浇筑及养护

（1）采用粗骨料粒径不大于15mm的混凝土时，混凝土坍落度不小于200mm，强度等级符合图纸设计要求；混凝土出厂前应做初凝时间测定，初凝时间不应超过2h。

（2）混凝土浇筑时，应遵循由内而外的浇筑顺序，循环浇筑，保证内侧混凝土液面高于外侧混凝土液面，高出高度应小于400mm。

（3）混凝土振捣：结构层一侧混凝土浇筑后，按国家相关施工规范进行振捣。保护层一侧采用木槌、振动棒或平板振动器在模板外侧进行敲击或振动，保证混凝土密实。在振捣时，振动棒不得直接碰触保温板及定位垫块，以防止保温板在浇筑混凝土过程中移位、变形。

（4）正常情况下混凝土养护按照一般养护措施进行，当环境温度低于10℃时，模板外应采取至少7d的保温措施，防止出现裂缝。拆模后应浇水养护7d（当日平均气温低于5℃时，不得浇水）。

2.1.4　建筑结构保温一体化在工程中的应用

由中国建筑第二工程局有限公司承建的郑州航空港河东二棚三标段项目，采用了 CCW、SW 两种体系。施工后，混凝土外墙成型效果较好。同时也进一步提升了建筑保温工程的质量，科学地推行了建筑保温与结构一体化的全面应用，如图 2.1-2、图 2.1-3 所示。

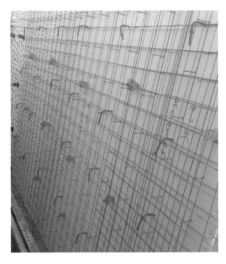

图 2.1-2　保温一体化现场安装　　　　图 2.1-3　保温一体化外墙成型效果

2.2　建筑结构保温一体化分配式浇筑技术

2.2.1　技术发展背景

建筑结构保温一体化分配式浇筑施工技术，通过与传统建筑结构保温一体化浇筑工艺对比：新工艺产生了良好的社会效益，大大提高了建筑结构保温一体化墙体的浇筑速度，解决了无法控制保温板两侧混凝土浇筑高度差的技术难题，同时有效保证了剪力墙的厚度和保温板的保护层厚度。使得混凝土浇筑更方便快捷，质量稳定可靠，加快了施工进度，外墙整体达到了平整美观的效果。

2.2.2　技术适用范围

在保温一体化混凝土浇筑过程中，保温板两侧的混凝土必须同时浇筑，并且要保证两侧混凝土的高度一致，以防止网架板中保温板因两侧混凝土的高差产生侧压力而导致其偏移或变形，这种偏移或变形将严重影响混凝土的外观质量和保护层的厚度。在施工中采用分配式浇筑施工技术，将布料机出料口的混凝土在不改变配合比的前提条件下按照保温一体化墙体厚度与保护层厚度的比例关系进行等比例分配到各个浇筑区域，确保混凝土承重墙厚度和保护层厚度较好地满足了图纸设计的要求。实践表明该技术适用于所有建筑结构保温一体化墙体，解决了保温一体化墙体的浇筑技术难题。

2.2.3 技术操作要点

（1）通过移动三棱台用螺栓固定其位置，如图 2.2-1 所示。在不改变配合比的前提条件下，按照保温一体化墙体厚度与保护层厚度的比例关系进行等比例混凝土分配器分配到各个浇筑区域，这样可以控制保温板两侧的混凝土在浇筑时保持同一高度，确保了混凝土承重墙厚度和保护层厚度满足图纸的设计要求，较好地解决了外墙保护层厚度不够，拆模后外观差、出现蜂窝麻面等质量问题。

（2）分配器结构简单、轻巧，加工焊接方便。分配仪器的上部接口采用泵管的接口（图2.2-2），在与布料机出口连接处只需用管卡便可连接。使用时连接拆卸操作性强，不需要其他工具便可拧动螺栓的两端。缩短了安装拆卸时间，提高了生产速度，加快了施工进度。

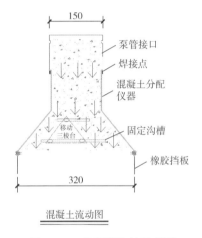

图 2.2-1 分配器浇筑示意图

图 2.2-2 分配器实例图

2.2.4 工程应用实例

本项目中（书中除特别说明外，本项目均指由中国建筑第二工程局有限公司承建的郑州航空港经济综合实验区河东棚户区工程）。，保温一体化外墙采用此分配器进行施工，浇筑混凝土共 8.24 万 m³。实践证明此分配器安全可靠，实用性强，有效解决了无法控制保温板两侧混凝土浇筑高度差的技术难题，同时保证了剪力墙的厚度和保温板的保护层厚度。使得混凝土浇筑方便快捷，质量稳定可靠，加快了施工进度，外墙整体也达到了平整美观的效果。

2.3 井道式施工升降机技术

2.3.1 技术发展背景及趋势

目前施工升降机都采用 SC 系列人货两用施工升降机，其结构是单个吊笼或双吊笼挂在标准节两侧，这样就产生了一个倾覆力矩，当升降机超过最后一道附墙架或标准节螺栓连接不紧固时，在此状态下倾覆力矩可能会折断标准节从而使吊笼倾翻坠落，发生安全事故；同时，外挂式施工升降机必须在外墙上预留施工洞口才能向建筑物内输送物料，施工洞口在施工升降机拆除后方可砌筑，洞口处易造成墙体渗水，同时造成在外墙装修时色泽感观不一致等现象，对工程整体质量产生不利的影响。

井道式施工升降机对传统施工升降机进行了创新性的改革，改变了传统施工方法。目前，常用的施工升降机是由外料台向建筑物内输送材料，而井道式施工升降机则变为由内向外输送料，利用电梯井道作防护栏，并利用电梯井壁承重，利用楼板作料台，工作及运输原理发生了变化，而且更加节能环保，安全高效。不仅能够满足施工现场实际施工需求，还符合未来建筑业的发展趋势，具有广阔的推广应用前景。

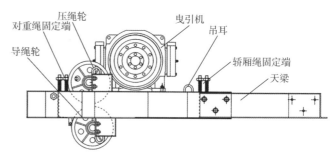

图 2.3-1　主机结构示意图

2.3.2　技术设备概述

井道式施工升降机主机结构示意图，如图 2.3-1 所示。

井道式施工升降机整机结构示意图，如图 2.3-2 所示。

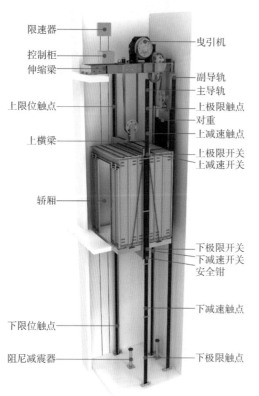

图 2.3-2　井道式施工电梯整机结构示意图

FCSSD1600 施工升降机安装在电梯井道内，在建筑物主体施工阶段（一般 5～7 层）开始安装，并随着建筑物的增高而不断提升（一般 5～7 层提升一次），其主要部件如下：

1）曳引机：曳引机是驱动施工升降机的轿厢和对重做上、下运动的动力装置，变频调速，运行平稳，如图 2.3-3 所示。

图 2.3-3　曳引机示意图

2）轿厢：轿厢是用来运送人员及物料的半封闭的厢体，轿厢由轿厢架和围壁两部分组成，轿厢架又由上梁、立柱、下梁组成，如图 2.3-4 所示。

3）对重（图 2.3-5）：对重是钢丝绳曳引式施工升降机赖以正常运行必不可少的装置，对重位于井道内，通过曳引绳经曳引轮与轿厢相连。在施工升降机运行过程中，对重通过对重导靴在对重导轨上滑行，以平衡轿厢重量降低功耗。

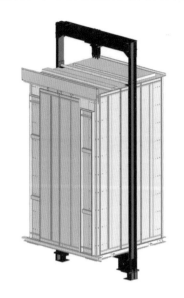
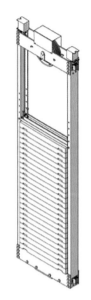

图 2.3-4　轿厢示意图　　　　　图 2.3-5　对重示意图

4）导轨：施工升降机的轿厢和对重各自有两根刚性的钢质导轨导向，是确保施工升降机的轿厢和对重在预定位置做上下垂直运动的重要部件。导轨加工和安装质量的好坏，直接影响施工升降机的运行效果和舒适感。

5）控制系统：用于操纵升降机的上下运行，串行通信，复合键盘式操纵面板，人性化操作自行选层，自动平层，平层精度误差小于 5mm。

6）楼层呼叫：用来引导司机停靠呼叫楼层。

7）安全保护系统：井道式升降机的核心技术集中体现在安全保护部分。

2.3.3 技术应用的优势

（1）传统人货两用施工升降机采用 SC 系列升降机，其结构是单个吊笼或双吊笼挂在标准节两侧，从而产生了倾覆力矩，当升降机超过最后一道附墙架或标准节螺栓连接不紧固时，就容易发生事故。而井道施工升降机不存在这个倾覆力矩，因此避免了该环节的出现，也避免了该环节事故的发生，安全性能得到保障。

（2）传统施工升降机附着在建筑物外墙，吊笼与建筑物之间有一定间距，工人在施工中易发生坠落。而井道施工升降机则无须另加防护，升降机停靠在楼层时，人员或物料可以直接由吊笼移动到楼层内，施工升降机与建筑物之间无须加设跳板，避免了工人在跳板上行走时坠落的危险。

（3）井道式施工升降机因为安装在建筑物电梯井道内，故无须预留施工洞口。

（4）能够进入地下室，为地下室施工也提供了便捷，由于井道式施工升降机安装在电梯井道内，不影响外墙装饰，可进行多工序穿插作业，提升整体施工进度，提高周转材料的使用率，节约成本。

2.3.4 技术应用的实施要点

1. 天梁安装

将主机运至首层电梯井门口，确保伸缩梁插入到主梁腔体内部，在首层门洞对面电梯井壁上预留两个等宽于主梁 200mm×300mm 的预留洞，预留洞底部水平于门洞地面，将两根 16#工字钢垂直于门设置，将天梁移至电梯井内，用两根长度相同的吊装钢丝绳，分别吊挂在天梁左右侧的两个平衡吊耳上，通过电动葫芦将主机吊至预安装楼层，在预安装楼层留设两个 200mm×300mm 的洞口，洞口底部与电梯门洞底部高度相同，洞口水平间距与天梁相同，天梁吊至预安装楼层后，拆卸伸缩梁固定螺栓，将伸缩梁朝向门洞方向拉伸，伸缩梁完全拉出后将伸缩梁固定螺栓重新安装锁紧，将天梁一端水平推进预留洞口，另一端放在楼层楼板，测量找中后将天梁固定在地板上，天梁安装完毕，如图 2.3-6、图 2.3-7 所示。

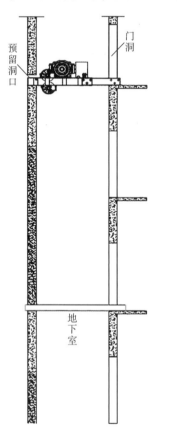
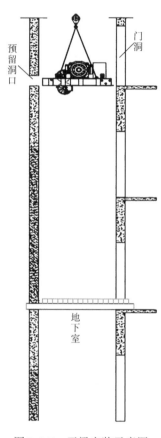

图 2.3-6　天梁预留洞口　　　　　图 2.3-7　天梁安装示意图

2. 导轨安装

该升降机有两组刚性导轨导向，主轨用于吊笼导向，强度较大，能承受安全钳制动时所产生的冲击力，副轨用于对重导向，且仅起导向作用。导轨通过导轨支架固定在井壁上，两个导轨支架的最大距离不超过 2.5m。在安装主轨前，需要在井壁两侧用 4 个 φ16 的膨胀螺栓固定好两个导轨支架，用 φ12 的高强螺栓将主轨固定（能用手锤调整）在导轨支架上，接下来用磁力线坠调整轨道的垂直度，再用校轨尺调整两个主轨的对向垂直度，用钢卷尺调整两个主轨之间的间距使之保持在 1932mm，最后用电动扳手固定住主轨。副轨安装参照主轨安装方法。

3. 轿厢安装

根据电梯井道尺寸要求，调整复合项目使用的规格，进行拼装。

（1）安装底梁。用卷扬机把吊笼底梁安装在左右两边的主轨支架内，然后放在底部承重液压弹簧上面。用扳手调整好安全钳和主轨导靴的间隙，最后用水平仪校正轿厢底板的水平度。

（2）安装顶梁。用 48 根 ϕ20 的高强螺栓分别将左右两侧的主承重槽钢与顶梁和底梁连接，并用电动扳手紧固。

（3）拼装轿厢。首先在地面将轿厢板，按照标记把三块分别拼装成整面，然后用卷扬机分别按照方位吊到轿厢底板上固定，最后用可调整轿厢角板固定成一个整体。

（4）安装轿顶。轿顶分为前后两块，分别用卷扬机吊到轿顶与轿厢板固定。

4. 对重安装

（1）用卷扬机将对重框吊到距离天梁 1m 位置，然后用 3t 手拉葫芦固定牢固。葫芦上端固定在天梁上。

（2）用卷扬机将配重块依次安装到配重框内，每款配重块重 55kg，首次安装 20 块共计 1.1t，剩余配重块待轿厢能运行调试时再安装。

5. 曳引绳安装

（1）绳长的确定。如果实际井道土建尺寸与图纸一致，或是标准井道，可以直接按土建图井道正负零以上高度 + 地下室高度之和的 2 倍计算。钢丝绳的安装至关重要，现场必须小心处理，防止被水、水泥、沙子等污损，切勿使钢丝绳扭曲或扭结，扭结的钢丝绳不能使用。

（2）安装钢丝绳时参照图 2.3-8 进行。用起重葫芦将对重提升至最高层，对重底面高出最高层楼板平面 300mm，用提拉钢丝绳将对重固定在该位置。用起重葫芦将钢丝绳盘绳轮提升到天梁所在楼层安放好。钢丝绳由盘绳轮引出，向下拉至轿厢动滑轮，绕过轿厢动滑轮后向上提至天梁曳引机轮处。然后依次从压绳轮下方和导绳轮上方穿过。再向下绕过对重动滑轮后，将绳头向上提至对重绳固定端处固定牢靠。依次类推，将其余钢丝绳都固定好后，收紧钢丝绳在轿厢绳固定端固定，剩余钢丝绳盘好置于天梁所在的楼层内。钢丝绳安装完毕后用起重葫芦将对重吊起，拆掉提拉绳，再用起重葫芦将对重慢慢放下，至部分钢丝绳拉紧。调节绳头组合使弹簧高度一致，钢丝绳受力均衡。

6. 安装后效果

安装后效果如图 2.3-9 和图 2.3-10 所示。

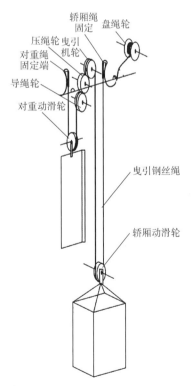

图 2.3-8　钢丝绳安装示意图

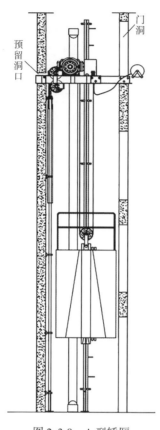

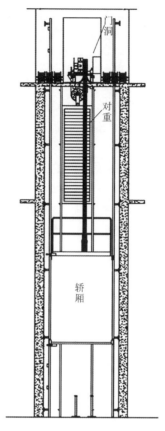

图 2.3-9 A 型轿厢　　　　　　　图 2.3-10 B 型轿厢

A 型：标准轿厢大小：宽 1.75m×深 1.8m×高 2.9m

B 型：特殊轿厢尺寸可以根据井道尺寸的大小定制

2.3.5 井道式施工电梯在项目中的应用

a）形象　　　　　b）施工

视频：井道式施工电梯

本项目采用的是富控 FCSSD1600 井道式施工升降机（其主要参数见表 2.3-1、表 2.3-2）。在使用期间，该设备安全可靠、节能环保，极大地改善了建筑工地的施工环境。同时，该新型井道式施工升降机运行速度快、效率高，是外挂施工升降机速度的 2~3 倍，不受恶劣天气的影响，能确保施工工期，现场实拍如图 2.3-11 和图 2.3-12 所示。

表 2.3-1 FCSSD1600 施工升降机主要技术参数

最大提升高度	300m	＼
电源电压	380V	＼
悬挂比	2:1	＼
绕绳方式	单绕	＼
额定载重	1600kg	＼

（续）

运行速度	1~1.5m/s	\
曳引轮直径	400mm	\
曳引轮绳槽	7×φ10×15	\
曳引机功率	11~19.4kW	150m 高度以下采用 11kW 150m 高度以上采用 19.4kW
轿厢自重	1100kg	\
平衡重	1850kg（包含配重框）	\
轿厢尺寸 （mm×mm×mm）	1670×1700×2900/1750×1800×2900	适用于 2.1~2.3m 井道
钢丝绳型号	8×19+NF-10mm	
自重	9000kg	100m 高度

表 2.3-2　吊装单元重量及高度

序号	名称	重量/kg	数量（件）	提升高度/m	备注
1	曳引机	480	1	20~30	
2	天梁	400	1	20~30	
3	控制柜	50	1	20~30	
4	钢丝绳	100	6	20~30	
5	轿厢	1100	1		
6	主导轨	31	10		T89
7	副导轨	15	5		K5
8	对重框	200	1		
9	对重块	40	42		
10	限速器	20	1		

图 2.3-11　现场实拍图一

图 2.3-12　现场实拍图二

FCSSD1600 施工升降机安装在电梯井道内（图 2.3-13），在建筑物主体施工阶段（一般 5～7 层）开始安装，并随着建筑物的增高而不断提升（5～7 层提升一次）。

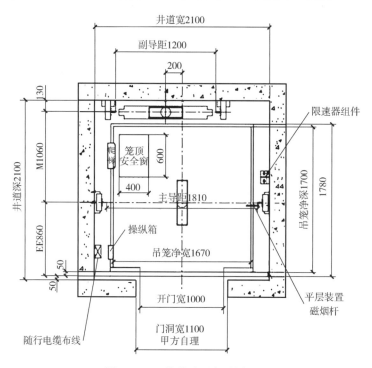

图 2.3-13　井道平面布置图

在天梁预留孔附近提供稳定电源，电压为 380V，电流不小于 100A，独立电源，主机为变频调速启动，停止瞬间会有漏电电流产生，漏电开关漏电电流应不小于 200mA，故需用变频器专用磁力开关。

2.4　全钢附着式升降脚手架技术

2.4.1　技术发展背景

随着当前城市用地的稀缺和建筑技术的发展，高层建筑越来越多。而高层建筑由于层数较多，竖向结构整体变化不大，尤其是在进入标准层后，结构几乎没有变化。针对这种情况，附着式升降脚手架技术因其能够有效地做到良好的安全防护、较好地推进施工速度、占地少，而在建筑行业中得到了广泛的应用。

2.4.2　技术设备概述

附着式升降脚手架主要由桁架系统、爬升机构、动力及控制设备、安全装置等构成。桁架系统主要是提供操作平台、材料搬运和堆放、人员行走通道及安全防护。爬升机构主要是通过可靠的附墙，将架体上的恒荷载和施工荷载安全地传递到与之连接的建筑结构上。动力及控制设备为整个架体提供升降的动力。安全装置是由保持架体不偏移的导向装置，防止架体下坠的防坠装置以及架体提升或下降时，控制架体水平的同步提升装置组成。

　　设备工作原理：通过附墙支撑在建筑物承重结构上，依靠自身的升降设备实现脚手架的升降工作。

　　附着式升降脚手架按组架构造分为整体式和单片式；按提升动力分为电动、液压和手动；按竖向主框架构造分为单片主框架、双片主框架；按提升受力状态分为中心提升和偏心提升；按升降机构特点分为挑梁式、导轨式、导座式和动轨式。实景及示意图如图2.4-1~图2.4-3所示。

图 2.4-1　全钢附着式升降脚手架

TL-01型附着式升降脚手架立面图

图 2.4-2　整体式附着脚手架示意图

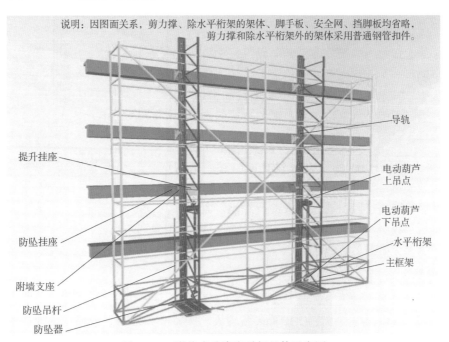

图 2.4-3　附着式升降脚手架整体示意图

2.4.3 技术应用的优势

附着式升降脚手架作为工具式脚手架的一种，目前在高层建筑工程中比较常见，对比传统的落地式双排脚手架和悬挑脚手架有以下几方面的优势：

（1）附着式升降脚手架的各部位零件，尤其是重要部件，是由工厂直接生产，产品的质量以及安全性能能够得到有效的保障，在架体使用中，安全性能较高，减少了不安全因素的发生。

（2）使用附着式升降脚手架，架体可以随主体施工进度不断爬升，免除了传统架体的拆除及安装工序（一次性组装可以使用到工程结束），节约了劳动力和材料的投入。

（3）使用附着式升降脚手架还可以为工程全穿插施工提供技术基础。

2.4.4 技术应用的实施要点

1. 临时支撑

因大多数高层建筑都是在 2 至 4 层进入标准层施工，所以附着式升降脚手架安装前应在其底部安装落地式脚手架作为安装时的受力支撑，待架体安装完成，所有附墙支座有效受力后，方可拆除落地式脚手架。

图 2.4-4　走道板连接

2. 走道板组装

将两片走道板对接，外侧用钢连接板连接，内侧用螺栓对接连接在一起，按平面布置图沿建筑四周将走道板依次连接，并用加固扣件将走道板水平固定，如图 2.4-4 所示。

3. 竖向立杆组装

按照平面布置图中的尺寸放置竖向立杆，在竖向立杆最下端第一个孔用六角头螺栓加大垫圈、螺母与走道板连接，水平方向用水平桁架进行固定。水平桁架与立杆之间、水平桁架与水平桁架之间用螺栓进行连接，如图 2.4-5 所示。

4. 立面、底部和离墙部位的封闭

立面用成品密目式钢板网制作成的片架进行封闭，底部及底部离墙空隙用花纹钢板进行封闭，离墙空隙的钢板用铰链与底部方管焊接牢固，确保封闭严实、无缝隙，如图 2.4-6 所示。

5. 预埋施工

依据平面布置图，对每个机位对应的安装位置

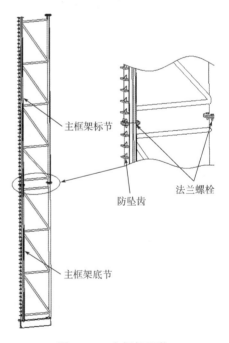

图 2.4-5　主框架组装

预留螺栓孔洞，在机位中心线左右 100mm 各埋设一根 ϕ40 预埋管。预埋孔设置在楼板底面以下 100mm 处，两个预埋管中心间距为 200mm，预埋管应保持水平，预埋时将预埋管与就近钢

筋捆扎牢固，防止浇筑时预埋管发生偏移，并用十字交错法捆绑牢固。

6. 附着支撑、拉杆安装

附着支撑安装在建筑物梁或墙上，分为标准附着支撑和加长附着支撑。标准附着支撑通过其自带撑腿直接在梁或墙上受力，加长附着支撑通过拉杆在上一层结构受力，如图 2.4-7 所示。

图 2.4-6　底部挡板封堵

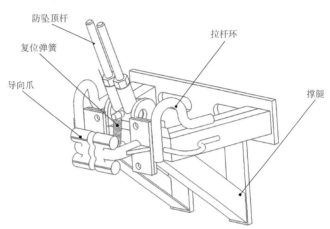

图 2.4-7　附着支撑示意图

7. 操作室及电缆线

附着式升降脚手架配设专用电气控制线路。该控制系统设置在楼层板面分片处，控制系统具有漏电保护、相序保护、过载保护、正反转、单独升降、整体升降和接地保护装置等功能。电源独立，线路用线管做保护，沿架体布置，升降时供电，架体使用工况时无电，电气设备安装时必须由专业电工操作。

8. 塔式起重机附着处处理

塔式起重机附着位置设置专用吊桥式脚手板，且应保证吊桥式架体立柱与塔式起重机附臂最近处保持有不少于 250mm 的距离，吊桥式平台板制作为可翻转型脚手板，当升降脚手架升降过程中遇到塔式起重机附臂影响时，先拆除吊桥式折叠架脚手板处的外侧防护网，然后再拆除该层平台板的中间连接螺栓组件，再用手动绞盘拉起吊桥式平台板并固定在两端立柱，塔式起重机附着就可顺利通过该层平台板。待架体升降通过后立即将所有拆除件和翻转件恢复到位并固定牢固即可。当塔式起重机附着穿过架体无法安装钢防护网时，应使用密目网作临时防护。

2.4.5　全钢附着式升降脚手架在工程中的应用

本项目中，通过应用全钢附着式升降脚手架技术，不仅为工程施工提供了便利，还强化了现场施工安全，保障了工程的顺利完成，如图 2.4-8 所示。

视频：全钢附着式
升降脚手架技术

图 2.4-8　附着式升降脚手架的应用

2.5　拉片式铝合金模板安装、拆除与处理技术

2.5.1　拉片式铝合金模板的概述

铝合金模板体系由模板系统、支撑系统、紧固系统、附件系统等组成。模板系统构成混凝土结构施工所需的封闭面，保证混凝土浇灌时建筑结构成型；附件系统为模板的连接构件，将单件系统连接成整体；支撑系统在混凝土结构施工过程中起支撑作用，保证楼面、梁底及悬挑结构的支撑稳固；紧固系统是保证模板成型的结构宽度尺寸，在浇

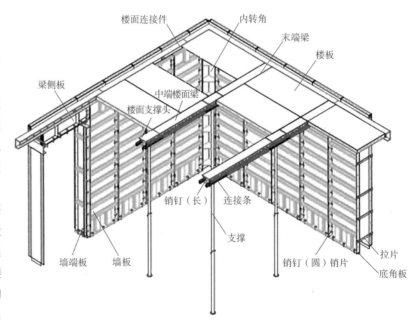

图 2.5-1　模板组成图

筑混凝土过程中不产生变形，如模板不出现胀模、爆模现象。拉片式铝合金模板的附件采用拉片、销钉、削片等构成，如图 2.5-1，表 2.5-1、表 2.5-2 所示。

表 2.5-1　拉片式铝合金模板部件介绍

品名	照　片	说　明
墙板		规格（W×L） 500mm×2600mm 400mm×2600mm 300mm×2600mm 200mm×2600mm 100mm×2600mm 用于墙面施工的模板
楼板		规格（W×L） 400mm×1200mm 300mm×1200mm 用于楼面施工的模板
堵板 WEP		用于墙端部位施工的构件
拐角 Inconer		连接墙拐角处面板的主要构件
梁侧板 Beam		梁侧板
转角 SL		墙板与楼板之间的连接构件
内转角 SC		墙板与顶板之间的内部连接构件

（续）

品名	照 片	说 明
中龙骨 MB		位于中间承受楼板支撑力的模板构件
边龙骨 EB		位于楼板中的末端部位的材料
支撑头 PH		规格（100mm×200mm） 天棚混凝土凝固前保留楼面支撑头的材料（保留 3 层）

表 2.5-2 拉片式铝合金模板辅件介绍

品名	销钉（圆）	销片	销钉（长）	拉片
辅件	1. 规格：φ16×55mm 2. 强度：97HRB 3. 材质：铁件（表面镀锌） 4. 用途：连接模板用	1. 规格：L70mm 2. 强度：95HRB 3. 材质：铁件（表面镀锌） 4. 用途：连接销钉用	1. 规格：φ16×200mm 2. 强度：85HRB 3. 材质：铁件（表面镀锌） 4. 用途：连接支撑柱头与梁	1. 规格：所有规格 2. 强度：26kN 3. 材质：铁件（表面镀锌） 4. 用途：模板与模板之间的连接
品名	外墙圆柱拉片	外墙拉片	斜支撑	卡扣
辅件	1. 规格：所有规格 2. 强度：26kN 3. 材质：铁件（表面镀锌） 4. 用途：内外墙模板之间的连接	1. 规格：所有规格 2. 强度：26kN 3. 材质：铁件（表面镀锌） 4. 用途：内外墙之间的连接	1. 规格：50×50 2. 强度：20kN 3. 材质：铁件（表面镀锌） 4. 用途：加固铝模板	1. 规格：50×50 2. 强度：45kN 3. 材质：铁件（表面镀锌） 4. 用途：模板之间连接

2.5.2 拉片式铝合金模板的选择

拉片式铝合金模板相比于传统的木模板和拉杆式铝合金模板，存在着多方面的优势。

（1）适用性方面，拉片的体系只有在结构墙超过400mm厚度后才不太适用，普通住宅建筑均能满足要求。

（2）质量方面，拉片在截面尺寸、垂直度、平整度等方面的质量比拉杆更好。

（3）进度方面，拉片间距比拉杆密集，但是拉杆式与拉片式相比，每面墙要多一道背楞及斜撑，从整体施工进度来对比，拉片式比拉杆式节约工期。

（4）现场方面，采用拉片式铝合金模板体系相比于拉杆式铝合金模板体系，减少了外墙预留螺栓孔洞，避免了外墙渗漏风险。

（5）采用一些特殊工艺的时候，应根据项目的实际情况，充分考虑哪种更适用。

1. 整体稳定性强

铝模系统将墙模、顶模和支撑等几大独立系统有机地结合为一体，可一次将模板全部拼装完成，实现混凝土的一次性浇筑，对结构的整体稳定性有利。

2. 早拆技术，加快施工进度

铝模的顶模和支撑系统实现一体化设计，将早拆技术融入了支撑系统，大大提高了模板周转率和施工效率，降低了材料成本。施工现场每栋楼各采用一套模板主系统，三套楼板底支撑，三套梁底支撑（悬挑结构四套支撑）。主模板在该层混凝土强度达到要求后，拆除并传送至上层。楼板底及梁底支撑系统（包括早拆头及立杆）则每四层周转一次使用，以确保混凝土达到设计要求强度后再拆除支撑系统，并用于上部楼层。

3. 提升工程质量

铝合金模板精度高、拼缝少、刚度大、材质光滑，浇筑成型的混凝土表面平整，观感质量相比传统木模有显著提升。

4. 节省施工成本

使用拉片式铝合金模板，混凝土成型质量较好，可达到免抹灰效果。待混凝土浇筑完成后，将拉片露出墙体的部分切除，可直接在墙体进行粉刷腻子施工，节省了抹灰的工序和成本。相比拉杆式铝合金模板，还减少了对拉螺杆孔洞进行封堵处理的工序。

2.5.3 拉片式铝合金模板的实施要点

1. 安装原则

先安装墙柱模板，后安装梁及顶板模板，最后做外围线条及模板加固。

初始安装模板时，将50mm×18mm的木模板条固定在外角模内侧，以保证模板安装位置准确。所有模板都是从角部开始安装，以保持模板侧向稳定。

安装模板之前，与混凝土的接触面均应清理干净并涂刷脱模剂。当角部稳定和内角模位置确定后方可安装墙体模板。为了拆除方便，墙体模板与内角模采用销钉连接时，销钉的端头部分应留在内角模处。

2. 墙柱定位、预埋件安装

（1）墙柱周围混凝土楼板标高控制在−5~0mm范围内，对于超过标高的混凝土必须凿除，低于标高的应采用木板条进行垫高并找平，调整至所需水平面。

（2）在墙柱钢筋上，距楼面 50~100mm 处焊接模板定位钢筋。

（3）注意机电设备和给水排水管道的预留预埋施工。

3. 墙柱模板安装

（1）将下层已拆除并清理干净的模板按区域和顺序传至上层并放置稳定。如重叠堆放，应板面朝上，方便涂刷脱模剂，脱模剂涂刷时，要注意周围环境，防止脱模剂散落在建筑物、机具和人身衣物上，更不得涂刷在钢筋上。

（2）内墙模板安装从阴角处（墙角）开始，按配模板编号依次向两边安装，为防模板倾倒，须加以临时的固定斜撑（用木方、钢管等），并保证每块模板涂刷适量的脱模剂。

（3）墙柱模板加固每隔 300mm 高设置 1 个销钉，采用销片紧固时，以模板拼缝处无空隙为准。模板端部的销钉不得缺少，中间按照模板体系设计间距加设。销钉应从上至下插入，避免混凝土浇筑时振捣掉落。

（4）在安装另一侧墙模时，先将拉片放置在对应的拉片槽内，检查拉片是否能顺利穿过，如有钢筋遮挡，可将钢筋间距适当调整。墙柱两侧的模板拉片槽应相互对应，模板安装前，应提前设置控制墙柱截面尺寸的水泥内撑条或钢筋内撑条。

（5）安装外墙模板时，顶部最上一块承接板不得拆除，作为上层模板底部固定和限位使用，并可防止跑模、错台或漏浆。

（6）混凝土浇筑前，墙体模板根部缝隙应采用水泥砂浆封堵，避免造成混凝土浇筑过程中漏浆。

（7）墙柱模板安装完成后，初步调整模板的垂直度和水平度。

4. 梁板安装

按照配模图拼装梁底模板，并将梁底模板与墙柱模板连接，加设梁底立杆支撑，调整梁底模板水平度，最后按照配模图将梁侧模板和梁底模板拼装连接。

5. 楼面板安装

根据楼面配模图先安装阴角处的模板，并用销钉固定；安装龙骨和支撑头，位置不得改动；再安装龙骨支撑，调整龙骨水平标高，最后安装楼面模板，并用销钉与四周模板固定，模板安装完成后，涂刷脱模剂。

6. 楼梯模板安装

安装楼梯间时，要完全按照配模图纸施工，因为其特殊性，楼梯部位的模板应采用全部铣槽，增加拉片的密度，保证墙体的强度；楼梯部位配模图纸属于独立范畴，根据楼梯配模图纸按编号安装，同时在现场要增加相应的横向支撑。楼梯施工缝留设在上三跑时，需保证上三步的支撑加固。

7. 烟道及传料口模板安装

预留洞口主要包括铝模传料口、放线孔、烟道洞口等，预留洞口根据施工图的尺寸要求提前加工预埋盒，在绑扎板面钢筋前将预埋盒固定牢固，预埋盒处的钢筋断开后按照施工图要求采取补强措施。

8. 模板拆除

（1）拆除墙柱模板

先拆除墙体模板的斜支撑及背楞，再拆除连接铝膜板的销钉和销片，用工具撬动模板，使模板与墙体脱离。拆下的模板和配件及时清理，并通过传料口搬运至上层楼面，模板拆除时，不得对结构棱角造成损坏。

（2）拆除顶板模板

根据铝模板早拆体系的要求，当混凝土浇筑完成后**48h**方可拆除顶模。顶板模板拆除先从梁、板支撑立杆连接的位置开始，拆除梁、板支立撑杆处的长销钉和与其相连的连接件，然后拆除与其相邻梁、板的销钉和销片，接着拆除铝梁，最后拆除顶板模板。拆除顶板模板时，不得扰动支撑立杆。

（3）拆除支撑立杆

支撑立杆的拆除应符合《混凝土工程施工质量验收规范》GB 50204关于底模拆除时的混凝土强度要求，根据留置的拆模试块强度确定立杆拆除时间。拆除支撑立杆时，松动可调节支点即可完成。

2.5.4 拉片式铝合金模板的应用实例

本项目中，应用拉片式铝合金模板技术，现场拼装便捷，混凝土成型质量得到有效提高，如图2.5-2~图2.5-11所示。

a)   b)

视频：a）铝模安装、拆除技术
b）拉片拆除器视频

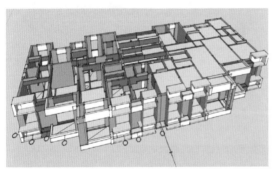

图2.5-2　深化设计图

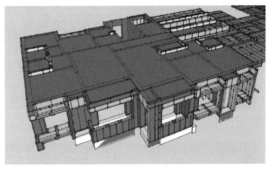

图2.5-3　配模图

图2.5-4　铝合金模板内置拉片

图2.5-5　铝合金模板内置压片

图 2.5-6　涂刷脱模剂　　　　　图 2.5-7　铝合金模板反坎

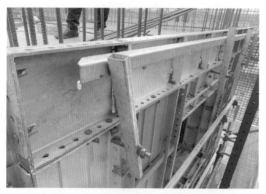

图 2.5-8　铝合金模板 K 板及背楞　　　　图 2.5-9　铝合金模板出斜口

图 2.5-10　拉片式铝合金模板安装效果　　　图 2.5-11　拉片式铝合金模板成型效果

2.6 剪力墙企口抹灰防开裂技术

2.6.1 技术发展背景

随着铝合金模板的广泛应用，在模板深化设计时，遇砌体与剪力墙交接位置，铝合金模板在剪力墙与砌体交接位置预留了 150mm 宽，10mm 厚的企口，砌体抹灰与剪力墙抹平后，依然会在剪力墙企口抹灰层与混凝土层间存在缝隙，因此本项目采用铝合金模板企口抹灰层与混凝土层接茬处防开裂技术进行处理，避免了墙体后期装修中在剪力墙企口处抹灰层与免抹灰混凝土层之间形成的通缝处开裂。

2.6.2　技术适用范围

该技术适用于铝合金模板施工的剪力墙与砌体墙抹灰层施工交接处，以及不同墙体材料交接处的抹灰施工处，可有效地防止此类地方的开裂问题。

2.6.3　技术操作要点

1. 工艺流程

铝合金模板安装→混凝土浇筑施工→铝合金模板拆除→植拉结筋→二次结构砌筑→抹灰施工→JS 防水涂料涂刷→安装无纺布→喷雾养护

2. 施工技术要点

铝合金模板施工时应加强控制铝模的垂直度、平整度和稳定性，混凝土浇筑时至少要有两名操作工及一名实测实量的管理人员旁站，检查正在浇筑的墙柱两边铝模销子、楔子是否脱落、墙柱的背楞有无松动、墙柱及梁板的实测实量数据有无变化。抹灰前应再次检查铝模混凝土成型后表面平整度，抹灰厚度以铝模混凝土墙为准。

砌体龄期达到 28d 才能开始砌筑，每日砌筑高度不超过 1.5m。不同材料交接处使用铁丝网满铺，每边搭接长度为 150mm，两侧分别固定在砌体墙与剪力墙上，用于提高抹灰层抵抗拉裂的能力。砌筑墙体顶部留置塞缝高度为 10~15mm，待砌体墙完成下沉及收缩变形之后，用 1:3 水泥砂浆嵌塞。嵌塞的时间间隔至少为 14d，以便让填充墙的砂浆有充分的时间完成竖向沉降。

喷浆前先将砌体表面清扫干净，加气混凝土砌块表面松动部位应当清除。喷浆前一天将砌体用橡胶管自上而下浇水湿润。抹灰必须分层施工，最好是两遍成活，抹灰完成后应及时养护，防止抹灰层发生空壳和裂缝。抹灰完成后清理基面使其平整、牢固、干净、无明水、无渗漏，砌体抹灰完成后在抹灰层与混凝土层交接处找平并用刷子或滚子涂刷一遍 JS 防水涂料，宽度为 300mm（两侧各 150mm 宽），挂 200mm 宽无纺布，两侧各 100mm，JS 防水涂料与无纺布必须连续施工，涂刷时尽量涂刷均匀，不能产生局部沉积。施工完成后需进行喷雾养护，如图 2.6-1 所示。

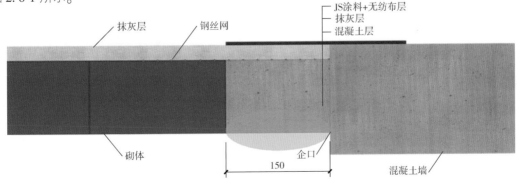

图 2.6-1　铝模混凝土层与砌体抹灰层接茬处平面图

2.6.4 工程应用实例

在本项目中，应用剪力墙企口抹灰防开裂技术，较好地解决了铝模成型混凝土面层与填充墙抹灰面层交接处的开裂问题，提高了工程施工质量，如图 2.6-2 ~ 图 2.6-5 所示。

视频：剪力墙企口
抹灰防开裂技术

图 2.6-2　砌体墙面抹灰　　　　图 2.6-3　涂刷 JS 防水涂料

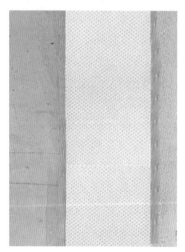 

图 2.6-4　粘贴无纺布　　　　　图 2.6-5　墙面批腻子

2.7　建筑垃圾垂直运输技术

a）使用动画演示　　b）使用案例实景　　c）通道安装动画演示

视频：建筑垃圾垂直运输技术

2.7.1　技术发展背景

施工必然要产生建筑垃圾，如何处理高层建筑垃圾使之既符合绿色环保理念，又在运输处置中安全可控，是建筑业界研究的一项课题。传统的施工中，楼层中的建筑垃圾大多通过集中堆放，施工电梯将建筑垃圾运送出去。但这需要大量的人力、物力，效率低，而且会有扬尘产生，影响环境管理。建筑垃圾垂直运输技术可以有效地解决此类问题，而且对建筑业发展起到了推动作用。

2.7.2　技术设备的概述

建筑垃圾垂直运输通道由标准节、投料节、连墙装置、防尘罩、安全链条五部分构成。其中标准节和投料节作为运输管道，标准节材料应用外壳镀锌钢板、金属+聚丙烯材质，耐磨、降噪、耐腐蚀。投料节材料应用外壳镀锌钢板、内涂纳米复合材料。垃圾运输通道在每个楼层设置垃圾进料口，将楼层内的建筑垃圾集中堆放，并运送至垃圾进料口处，通过垃圾通道运送至地面临时垃圾储存箱。建筑垃圾垂直运输通道配备全自动喷淋系统，同时垃圾回收站再进行分类处理。

2.7.3　技术应用优势

工程中应用建筑垃圾垂直运输技术有以下优势，对建筑行业绿色建造发挥了重要作用。

1. 扬尘得到控制

建筑垃圾垂直运输通道整体封闭，避免了向外抛掷垃圾；外附临时垃圾箱，减少了扬尘；配备了全自动喷淋系统，能更加有效地降低扬尘的发生，有助于实施建筑施工的绿色建造、文明施工及安全施工。

2. 周转性能

建筑垃圾运输通道材料采用镀锌钢板，使用过程中耐磨，还能有效降低施工噪声，安装和维护方便，操作简单，重复使用率高，可周转次数多。

3. 效益优势

通过垃圾垂直运输通道的应用，降低了施工电梯的使用频率，为其他工序施工提供了更多的使用时间；施工成本低，操作简便；节省了施工电梯的用电的负荷，这些方面的综合利用，较好地减少了施工成本，提高了工人的工作效率，一定程度上压缩了施工工期，创造了很好的效益。

2.7.4　技术设备安装要点

1. 选取适合的位置

（1）优选安装在建筑物的楼板上，也可安装在电梯井内。

（2）当建筑外围有外脚手架时，应在架体内侧安装垃圾运输通道，架体距离建筑物外边净距离不小于800mm，当不足时需要切断架体纵横杆，同时加强架体。

（3）垃圾运输通道安装时，通道门下框离外墙面距离应取200mm。

（4）垃圾运输通道安装时，如需要位移或切断脚手架内侧的水平纵向杆，可将水平横向杆制作成（或加设）连墙杆，以保证脚手架的稳定性。

2. 安装要点

（1）在5层及以上的楼层安装通道吊装设备。

（2）将各标准节以楼层为单位连接成接料段，各接料段用钢锁链连接。

（3）用吊装设备将运输通道提升至5层。

（4）在2~5层分别安装夹架式支撑（注意相邻楼层之间错开300mm，成"之"字形布设），以支撑通道；设于楼层中央时，直接固定于通道梁上。

（5）安装地面接料段，若需加高通道时，可以将地面接料段移开后进行。

3. 拆除要点

（1）当楼层垃圾大面清理完毕后，自上而下逐层拆除通道。

（2）在通道节段两侧起吊环拧入卸扣及钢绳，钩住电动葫芦吊钩轻微吊起。松脱待拆除节段与锁链的连接。

（3）将运输通道各标准节逐层吊离拆除，直至5层以上接料段拆除完毕。

（4）拆除5层及以下楼层的锁链，然后拆除5层及以下夹架式支撑，将5层及以下楼层接料段拆除，直到拆除地面连接段及地面接料段。

4. 工程应用实例

在本项目中，应用建筑垃圾垂直运输技术，有效地解决了建筑施工垃圾运输难度大的问题，为项目的绿色建造提供了基础保障，如图2.7-1~图2.7-4所示。

图2.7-1 垃圾垂直运输通道

图2.7-2 垃圾池

图2.7-4 垃圾入料口

图2.7-3 全自动喷淋系统

2.8 海绵城市应用技术

a）三维动画演示　　b）实拍案例场景

视频：海绵城市

2.8.1 海绵城市的简要概述

海绵城市是指城市能够像海绵一样，在适应环境变化和应对自然灾害等方面具有良好的"弹性"，下雨时能够有效地吸水、蓄水、渗水、净水，需要时又能将蓄存的水"释放"并加以利用。海绵城市建设应遵循生态优先的原则，将自然途径与人工措施相结合，在确保城市排水防涝安全的前提下，最大限度地实现雨水在城市区域的积存、渗透和净化，促进雨水资源的利用和生态环境保护。在海绵城市建设过程中，应统筹自然降水、地表水和地下水的系统性，协调给水、排水等水循环利用各环节，并考虑其复杂性和长期性。

2.8.2 海绵城市的设计

1. 建立雨水回收系统
建立雨水回收系统，将雨水处理后加以循环利用。

2. 建立自然蓄水绿化层
建立屋顶与道路自然蓄水绿化层，降低对市政排放系统的压力。使建筑屋面及路面径流雨水通过有组织的汇流与传输，经截污等预处理后引入绿地内，建立使雨水渗透、储存、调节等为主要功能的低影响开发设施。

3. 道路设计
（1）优化道路横坡坡向、路面与道路绿化带及周边绿地的竖向关系，设计出便于径流雨水汇入绿地内的低影响开发设施。

（2）路面排水采用生态排水的方式。路面雨水宜首先汇入道路绿化带及周边绿地内的低影响开发设施内，通过设施内的溢流排放系统与其他低影响开发设施或城市雨水管渠系统、超标雨水径流排放系统相衔接。

（3）路面采用透水铺装，透水铺装路面设计应满足路基路面的强度和稳定性要求。

4. 绿化设计
（1）道路径流雨水进入绿地内的低影响开发设施前，利用沉淀池、前置塘等对进入绿地内的径流雨水进行预处理，防止径流雨水对绿地环境造成破坏。

（2）绿地内的铺装场地、人行步道和停车场采用透水铺装路面，铺装周边采用平缘石。

（3）尽量选用深度在 100～300mm 的低影响开发设施，保证绿化用地中下沉式绿地率不低于 50%。

（4）在绿地内设计可吸纳屋面、路面、停车场径流雨水的低影响开发设施，并通过溢流排放系统与城市雨水管渠系统和超标雨水径流排放系统进行有效地衔接。

5. 主要工程措施
（1）"渗"，减少路面、屋面、地面硬质铺装、充分利用渗透和绿地技术，采用透水铺装，从源头收集雨水。本项目采用了透水性较好的铺装材料，局部采用了绿色屋面。

（2）"滞"，降低雨水汇集速度，延缓峰现时间，既降低了排水强度，又缓解了灾害风险。利用场地内绿化形成生物滞留带。V（绿化）$= 26587.93m^2$（滞留带面积）$\times 0.2$（水位深度）$\times 2/3$（U形面积系数）$\approx 3545.06m^3$。

（3）"蓄"，降低峰值流量，调节时空分布，为雨水利用创造条件。V（蓄水池）$\geq V - V$（绿化）$= 7295.73 - 3545.06m^3 = 3750.67m^3$（按地块分设16个蓄水池）。

（4）"用"，利用雨水资源化，缓解水资源短缺，提高用水效率。利用蓄积的雨水进行植物灌溉等。

（5）"排"，构建安全的城市排水防涝体系，避免内涝等灾害，确保城市运行安全。当日降雨量超过28mm时，多余的雨水则会排入城市管网。

2.8.3 海绵城市应用的优势

因地制宜，生态优先。结合建设工程当地的自然地理特征、水文条件、降雨特征、内涝防治要求等，因地制宜采用"渗、蓄、滞、用、排"等措施，科学选用低影响开发设施及系统组合，提高水生态系统的自然修复能力，维护区域良好的生态功能。低影响开发设施往往具有补充地下水、集蓄利用、削减峰值流量及净化雨水等多个功能，可实现径流总量、径流峰值和径流污染等多个控制目标，因此应根据城市总规划、专项规划及详细规划明确的控制目标，结合汇水区特征和设施的主要功能、经济性、适用性、景观效果等因素灵活选用低影响开发设施及其组合系统。

2.8.4 海绵城市工程应用实例

本项目中，保证地下室顶板或其他地下构筑物上覆土厚度不小于1.5m，其中覆土厚度超过3m的区域不少于其总面积的50%。在此基础上，部分区域覆土厚度达2.9m，并形成了下沉式绿地。

采用透水铺装，生态树池，下沉式绿地，植草沟等技术手段，达到了蓄水、引流、排水的作用，满足了海绵城市的要求。

1. 下沉式绿地

工程在设计及实施中，下沉式绿地与景观设计相结合，应用于居住区设计中。下沉式绿地指低于周边地面的绿地空间，收集雨水原理类似于种植洼地，但下沉的深度更深，景观的人工化设计程度更明显，在使用功能上往往结合了硬质铺地广场的部分功能，具有汇集人流，作为活动空间的作用，如图2.8-1所示。

2. 生物滞留设施（生态树池）

生物滞留设施主要适用于建筑与小区内的建筑、道路及停车场的周边绿地，

图2.8-1 下沉式绿地

以及城市道路绿化带等城市绿地内，指在地势较低的区域，通过植物、土壤和微生物系统蓄渗、净化径流雨水的设施。生物滞留设施分为简易型生物滞留设施和复杂型生物滞留设施，按应用位置不同又称作雨水花园、生物滞留带、高位花坛、生态树池等，如图2.8-2～图2.8-4 所示。

图 2.8-2　雨水花园

图 2.8-3　植草沟

图 2.8-4　旱溪

2.9 永临结合施工技术

2.9.1 概述

永临结合施工技术，是指把建筑上永久使用的消防设施以及安全防护设施，在结构施工阶段提前插入，以达到节省安全材料费用，减少设置临时设施的费用。

2.9.2 应用优势

临时设施一般在基本建设工程完成后拆除，但也有少数在主体工程完成后，一并作为交付使用处理。临时设施按其价值大小和使用期限长短，可分为大型和小型两类。前者如宿舍、道路等，后者如化粪池、堆料棚等。

考虑到工程工期、工程造价、工种配合、界面划分等诸多问题，一般高层建筑施工中基本均采用临时给水、排水、供电来保障现场需要，但临时系统相对于正式系统，管理和安全保障系数较低，可根据项目的具体情况，将部分给水、排水、供电、通风、道路等进行临时与永久相结合的施工方式。

2.9.3 技术实施操作要点

1. 道路永临结合

在项目策划前期，项目部应根据道路设计图纸进行规划，分析永久道路与建筑物的距离，分析道路宽度是否满足永临结合的设计要求。若永久道路距离建筑物大于 4.5m，道路宽度大于 6m，且建筑物四周均有永久道路布置，那么结合设计要求，可以对永久道路做法进行优化后提前施工，作为工程施工期间场区内施工的主干道使用。永临结合道路在施工部署时，为不影响现场正常施工，应尽早投入使用。

施工现场运输车辆对道路的使用磨损会造成道路破坏。根据运输安排，应适当调整永久道路的做法，以保证永久道路作为临时施工道路而不被破坏。通常做法包括：改用高抗折混凝土，改用高强度混凝土，增加路面配筋等。

2. 给水排水、消防设施永临结合

给水消防管道在布设时，也可以应用永临结合的设计思路。管道工程路面开挖时，可根据永久的给水消防系统考虑临时给水消防管道设计，这样既满足了施工需要，又能减少后期改扩建。室外消防给水系统不需设置消火栓泵而直接接于市政给水管网，并按规范要求设置管网和消火栓，以方便用于室外消防用水和消防车取水；室内消防给水系统按照规定设置消防储水池、中转水池、消火栓泵、稳压装置、智能控制柜、截止阀、消防立管、消火栓箱、消防水带、消防水枪、消防水桶等消防设施、设备、器材与标识；利用工程永久消防立管作为临时消防立管，正式消防施工时，只需将消火栓箱、消防水泵接口更换后即可通入使用，大大节省了临时消防立管的建造和拆除费用。

3. 供电永临结合

楼层、楼梯和地下室临时照明，可利用预埋线管，提前插入永久电线，安装正式吸顶照明灯具，安全美观，节约材料和后期人工，且没有明线外露。二级箱位置相对固定，便于维护管理，满足安全文明施工要求。

视频：永临结合技术

2.9.4 技术应用实例

1. 道路永临结合

本项目中，永临道路施工时先施工大门两侧的主干道，大门口部位为主要出入口，为保证材料正常运输，此处采用铺设路基板，作为临时通道。待两侧主干道施工完成后，车辆可通过转弯半径范围内进入主干道后，再施工大门前部分路段。在最短时间内将主干道全部施工完成，投入使用，且永临结合道路施工过程中不会对工程的整体工期进度造成任何影响，见图 2.9-1所示。

2. 临时用水

利用正式消防栓管道供水，结合部分临时

图 2.9-1 道路永临结合

性管线实现由常高压消防系统，随着工程进度逐步拆除或更换临时设施，向正式消防系统转换。临时用水与永久消防管线并用技术，利用了建筑原有设计部分代替临时施工，大大减少了施工成本，避免了二次施工。该系统既减少了临时设施的投入，同时也尽量减少了正式设施的投入，而且整体提高了消防安全保障系数，减少了消防空白点，如图 2.9-2 所示。

3. 消防水池永临结合

要实现正式消防水池和消防水泵房的提前启用，达到永临结合的目的，应优先完成正式消防水泵房地面和二次结构墙体，具备消防水池和消防水泵房的使用功能，以代替临时水箱和临时水泵，做好正式消防水池和消防水泵房的成品保护工作，见图 2.9-3 所示。

4. 供电永临结合

采用照明永临结合施工技术，提前插入永久电线，安装临时照明灯具，安全美观，可节约材料和后期人工，且没有明线外露。将楼层、楼梯间、地下室等照明线路随主体进度一次安装到位，大大减少了拆除、重复安装工作的费用，减少了线路穿板、墙面二次收口的费用，如图 2.9-4 所示。

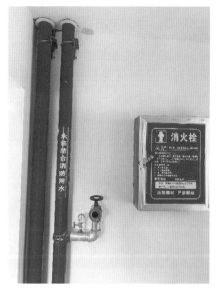

图 2.9-2　施工用水永临结合

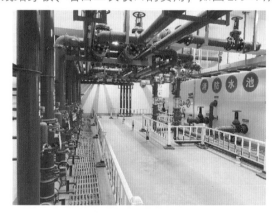

图 2.9-3　消防水池永临结合

图 2.9-4　照明永临结合

2.10　其他关键技术

2.10.1　智慧建造技术

本项目施工中，近百台建筑机械、6 万余吨钢筋、90 万 m^2 模板、50 万 m^3 混凝土、最高峰时近 3000 名工人同时施工，通过运用智能系统、云存储、大数据等智慧建造技术，实现了多地块、大体量工程的人、材、机的有序高效运转，如图 2.10-1 所示。

2.10.2　手持式投影技术

采用手持式投影仪和动态样板引路系统对工人进行现场交底，使用比在施工现场更直观、更便捷、更形象的交底方式，能让工人更清楚施工内容，并可达到节约纸张的目的，如图2.10-2所示。

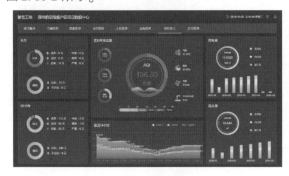

图2.10-1　智慧工地　　　　　　　　　图2.10-2　手持式投影技术

2.10.3　BIM应用技术

通过BIM技术应用，对施工现场进行平面布置，以优化场地利用空间。提前对砌体工程、饰面砖、机电安装管线等进行排版，并将排版图转化为CAD，下发至工人。采用BIM应用技术还可以较早发现各专业间存在的碰撞问题，优化了材料使用，有效地提高了工作效率、节省了资源、降低了成本，如图2.10-3所示。

视频：施工进度模拟

2.10.4　网络计划结合前锋线技术

采用网络计划结合前锋线技术，对比当前进度情况，全面直观地反映计划与实际的差异，可提醒工程人员及时分析进度滞后的原因，调整施工部署和施工进度，如图2.10-4所示。

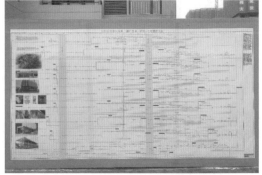

图2.10-3　BIM应用技术　　　　　　　图2.10-4　网络计划前锋线技术

2.10.5　协同管理平台技术

本项目中，通过实现信息的协同、业务的协同和资源的协同，提高了工作效率，实现了无纸化办公，减少了纸张浪费，节约资源，减少了成本开支，如图 2.10-5 所示。

外墙螺杆眼采用定型 PVC 管帽及遇水膨胀止水条作为堵漏密封止水材料，不仅用量节省，而且还可以消除一般弹性材料因过大压缩而引起弹性疲劳的特点，防水效果更为可靠，避免了后期墙体螺杆眼渗漏存在的质量隐患，如图 2.10-6 所示。

图 2.10-5　协同管理平台技术　　　　　　图 2.10-6　外墙螺杆眼封堵技术

2.10.6　抗浮锚杆防水处理技术

通过采用水泥基渗透结晶型防水涂料、遇水膨胀止水环和 SBS 防水卷材三种防水材料相结合的施工技术，较好地解决了抗浮锚杆的防水渗漏问题，如图 2.10-7 所示。

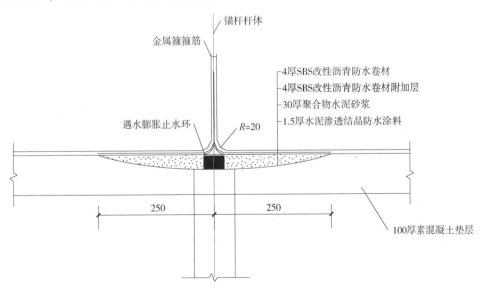

图 2.10-7　抗浮锚杆防水处理技术

2.10.7　后浇带超前止水技术

利用后浇带超前止水技术，将后浇带封闭与混凝土结构施工同时进行，以达到提前封闭后浇带，为后续防水工程施工、回填土工程施工奠定基础。提前封闭后浇带，在回填土施工时，可有效保证结构整体受力，保证了结构安全，避免发生安全事故，如图 2.10-8 所示。

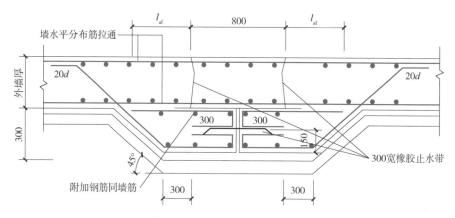

图 2.10-8　后浇带超前止水技术

视频：自爬式卸料平台安装视频

2.10.8　自爬式卸料平台技术

利用全钢附着式升降脚手架工况原理，将卸料平台一次性制作安装，可随着主体结构施工进度爬升到指定位置使用，还可根据施工情况进行爬升和下降，安全性能高，如图 2.10-9 所示。

2.10.9　铝模线盒定位技术

利用铝模线盒定位技术，将模具固定在铝合金模板上，线盒按压在模具上，可一次施工成型，安装方便，拆模效果好，同时可重复利用，如图 2.10-10 所示。

图 2.10-9　自爬式卸料平台

图 2.10-10　铝模线盒定位技术

2.10.10　剪力墙配电箱直埋技术

采用剪力墙配电箱直埋技术，将户内配电箱在墙体钢筋绑扎阶段，就直接预埋在剪力墙内，通过电箱内部支撑架及角钢进行固定，防止变形移位。与传统在剪力墙内预留洞口、后期安装配电箱相比，该技术能保证一次施工成型，施工简单便捷，减少了墙体留洞，如图 2.10-11 所示。

2.10.11　线盒内嵌式填充模块技术

在主体施工阶段，线盒内通过内嵌填充模块，可达到节能环保，安装拆除方便，无须再缠胶带、填木屑，并且可以重复利用。模板拆除后，可直接安装线盒保护板，以防止后期破坏，如图 2.10-12 和图 2.10-13 所示。

图 2.10-11　剪力墙配电箱直埋技术

图 2.10-12　铝模线盒定位与内嵌填充保护

2.10.12　塔式起重机全尺寸可调式附墙技术

本项目中通过螺杆调节、孔位调节和组合杆件三重调节作用，实现了塔式起重机的全尺寸可调节，达到附墙杆安装简便的效果。与传统塔式起重机附墙杆件相比，其安装更加便捷、灵活性更大，如图 2.10-14 所示。

图 2.10-13　线盒内嵌式填充和线盒保护

图 2.10-14　塔式起重机全尺寸可调式附墙杆

第 3 章　智慧工地建设

3.1　智慧工地概述

  智慧，能够决定和改变一座城市的品质；智慧城市则决定并提升着未来城市的地位与发展水平。作为城市化的高级阶段，智慧城市是以大系统整合、物理空间和网络空间交互、公众多方参与和互动来实现城市创新为特征，进而使城市管理更加精细、城市环境更加和谐、城市经济更加高端、城市生活更加宜居。

  建筑行业是我国国民经济的重要物质生产部门和支柱性产业之一，同时，建筑业也是一个安全事故多发的高危行业。将施工现场安全管理、质量管理和信息化技术、移动技术等有效融合，以提高施工现场的管理维度，在此背景下，智慧工地建设应运而生。建设智慧工地在实现绿色建造、引领信息技术应用、提升社会综合竞争力等方面具有重要的意义。

3.2　现状技术分析

  智慧工地是智慧城市理念在工程领域的行业体现，是一种崭新的工程全生命周期管理理念。智慧工地是指运用信息化手段，通过三维设计平台对工程项目进行精确设计和施工模拟，围绕施工过程管理，建立互联协同、智能生产、科学管理的施工项目信息化生态圈，并将此数据在虚拟现实环境下与物联网采集到的工程信息进行数据挖掘分析，提供过程趋势预测及专家预案，实现工程施工可视化智能管理，以提高工程管理信息化水平，从而逐步实现绿色建造和生态建造。

  智慧工地将更多的人工智能、传感技术、虚拟现实等高科技技术植入到建筑、机械、人员穿戴设施、场地进出关口等各类物体中，并且使其互联，形成"物联网"，再与"互联网"整合在一起，实现工程管理中人与工程施工现场的整合。

  目前我们的工地现状是什么样的呢？

  （1）人＋人脑的模式。目前的项目管理，基本上还依赖于人的智慧，随着建筑物的增高，建筑环境的变化，对于一些人不能达到或者监管不到位的区域，便产生了管理不到边、数据统计不同步等一系列的问题。这些问题给项目的质量、安全、经营管理带来了诸多的问题，质量、安全不可追溯、风险居高不下，甚至频繁发生事故，给企业和社会带来了极大的负面影响。

  （2）人＋设备＋信息系统。这一系统目前虽已基本覆盖了策划、进度、设备等管理中，部分也出现了一些集成应用系统，但是这些设备和系统大多仅限于单项的应用，未能充分发挥设备系统和信息系统的优势。

  （3）基于 BIM 技术下的智慧技术。有些项目虽然已经具备了 BIM 技术的深化功能，但是功能覆盖的广度和深度仅停留在深化设计方面，只在施工质量改善和经济效益提升中作用明显，智慧信息的深度未能反映在全项目管理中。

（4）一些大型建筑企业，研究了具有传感器集群，通过物联网设备实时采集环境及能耗数据，并应用 VR 技术、全息投影技术、3D 打印技术、智能地磅和车辆进出管理系统、标养室远程监控系统、进行三级教育安全培训，建立起智慧工地；但智慧工地在管理延伸方面（后勤、绿色建造、环境保护、计量、可追溯等方面）还需要多方面研究深化。

有关机构对全国建筑施工企业智慧工地的应用情况进行调查，得出以下结论：

1）调查结论一：智慧工地是运用信息化手段，围绕项目的全生命周期建立支撑现场管理、互联协同、智能决策、知识共享的一整套项目现场管理的信息化系统。随着建筑施工企业信息化建设的不断深入以及互联网技术的不断发展，越来越多的建筑施工企业对智慧工地有了不同程度的了解和认识。调查显示，被访对象大部分通过业内同行了解到智慧工地，占比 43.46%；通过媒体和行业会议了解到智慧工地的被访对象所占比例相差不大，分别为 19.41% 和 19.62%；部分被访对象通过软件供应商了解到智慧工地，占 10.13%。可见，目前智慧工地宣传推广渠道较为集中，大部分企业了解到智慧工地是通过"口口相传"这一形式；媒体宣传也是智慧工地推广应用的重要途径之一。这也表明智慧工地虽然已经在行业内获得一定的关注，但智慧工地的宣传推广方式还不够系统，略显单一。

2）调查结论二：建筑施工企业对于智慧工地应用呈积极肯定态度，大部分被访对象认为智慧工地的应用能够提升成本管控能力，占 69.62%；67.93% 的被访对象认为智慧工地的应用能够提升材料管控能力；被访对象认为智慧工地的应用还可以提升进度管理和质量管控，分别占比 63.92% 和 62.03%；安全管控和机械设备管控也被认为是应用智慧工地可以有效提升的方面，分别占比 58.44% 和 55.27%；超过半数的被访对象认为智慧工地的应用能够提升沟通协同效果，占 52.74%；50.21% 的被访对象认为智慧工地的应用可以提升劳务管控能力，39.03% 的被访对象则认为智慧工地的应用可以提升环境管控能力；3.17% 的被访对象认为智慧工地的应用还可以提升其他方面的业务管控能力。可以说，通过智慧工地的应用可以对施工现场关键要素进行实时、全面的监督和管理，有效提升业务管控能力，智慧工地将从不同角度为建筑施工行业带来变化和发展。

3）调查结论三：随着工程体量的快速增长，对工程的复杂程度和工艺水平提出了更高的要求，调查显示，37.34% 的被访对象倾向于在重点项目中进行智慧工地应用，26.37% 的被访对象倾向于在结构复杂、施工难度大的项目中进行智慧工地的应用，还有 20.89% 的被访对象倾向于参与方多、协调难度大的项目中进行智慧工地的应用，企业对于在一般建设项目中进行智慧工地应用的倾向并不高，占比 5.49%；而倾向在建设环境复杂的项目中进行智慧工地应用的企业占比最少，仅为 5.27%；还有 4.64% 的企业倾向于在其他项目中进行智慧工地的应用。这表明，目前智慧工地应用更多集中在重点项目中，同时对于复杂度高、参与方多、难度大的项目智慧工地应用比较高，一般建设项目及建设环境复杂的项目中极少应用智慧工地，这也说明智慧工地应用还需要进一步普及。

4）调查结论四：从智慧工地在建筑施工企业的应用现状来看，目前，大多数企业对智慧工地的应用尚处于探索阶段。调查显示，企业的智慧工地应用范围较为集中，被访对象所在企业中目前有 44.3% 的主要应用于进度管理，43.88% 的主要应用于人员管理，43.25% 的应用于成本管理，41.35% 的应用于施工策划，39.66% 的应用于项目协同管理，39.03% 的主要应用于质量管理，还有企业主要应用于安全管理和机械设备管理。综上，目前绝大多数企业的智慧工地应用还是主要集中在工程施工现场管理，并围绕人、机、料等关键要素进行应用，同时对于直接影响施工效果的关键环节应用较多。这也是由智慧工地的特征所决定的。智慧工地的集成应用、延展性应用相对较少，这也说明智慧工地应用有待进一步深入。

5）调查结论五：建筑施工行业的智慧工地应用还在探索和尝试中，目前还存在很多问题。调查显示，建筑施工企业智慧工地的应用存在多方面问题，包括人才、制度、标准、技术等方面。在政策标准方面，建筑施工行业的智慧工地应用缺乏相关标准、规范，法律责任界限不明确，同时缺少政府层面的政策引导。人才缺乏也是当前建筑施工企业智慧工地应用的主要问题所在，相关人才的缺失使得企业智慧工地应用的推进速度难以提速。因此培养、吸引人才是企业进一步应用智慧工地需要解决的首要问题。在技术方面，配套软硬件不够成熟，难以支撑智慧工地和其他多种专业软件的集成应用。同时，网络基础设施的参差不齐也成为智慧工地应用的瓶颈。因此，改进软件功能、完善配套设施，进一步加大智慧工地的推广宣传，也是智慧工地应用需要进一步解决的问题。

6）调查结论六：要想更好地推动建筑施工行业智慧工地的应用，大部分被访对象认为需要配套政策及鼓励措施来推动智慧工地的顺利推进，占比 68.78%、63.5% 的被访对象认为需要加强行业培训来推动智慧工地的顺利应用，推动示范工程也被认为是推动智慧工地顺利应用的手段之一，占比 60.76%、58.86% 的被访对象认为行业主管部门的引导也会推动智慧工地的顺利应用。目前建筑施工企业推动智慧工地的主动性并不高，需要通过外部的激励手段进行推动，同时智慧工地缺乏成功的标杆案例，一些企业即使想推却无从下手，一定程度上阻碍了智慧工地的推进，技术因素也成为制约智慧工地推行的一大因素。可见，智慧工地的顺利应用还存在多方面的制约。

7）调查结论七：建筑施工行业的发展趋势是信息化、智能化、智慧化，随着 BIM 技术、移动互联网技术、云技术、物联网等关键技术的不断发展，为智慧工地的发展提供了机遇，智慧工地应该利用更多的信息技术来解决施工现场的管理问题。调查显示，被访对象中绝大部分认为智慧工地的未来发展趋势是"实现项目充分连接，实现人、机、料等的互联互通（如有成熟的社会化的用工管理平台、材料共享平台等）"，占比 81.43%、66.03% 的被访对象认为"为企业决策层提供科学的决策依据（如项目大数据支撑的管理决策、各类风险可量化指标等）"是智慧工地的未来发展趋势；61.18% 的企业认为"要素管理可量化、指标和风险可控制、信息可积累"是智慧工地的未来发展趋势。"实现项目内部无障碍沟通，项目管理协调顺畅"和"实现专项信息技术与建造技术有机融合，相互促进、提升"也被企业认为是智慧工地的未来发展趋势，分别占比 59.28% 和 54.64%；还有 48.1% 的企业认为"营造生态、人文、绿色的施工现场环境"是智慧工地未来的发展趋势。

由此可见，未来智慧工地将通过各种先进技术手段进一步与项目管理进行融合和交互，将获得的各类信息与现场管理进行集成，以大数据的充分挖掘和共享为基础，提高企业的科学分析和决策能力。未来的智慧工地也会通过先进技术的综合应用，构建项目建造和运行的智慧环境，最终推动建筑施工行业向更加自动化和智能化的智慧化趋势发展。

以大型企业基于目前的多地块、大体量住宅工程实际状况为例，如何保证几十台大型设备安全高效运转、几万吨钢筋和几万立方米的混凝土有序施工、几千名工人安全有序作业，完全可以从智慧工地入手开展研究，以解决管理、安全、质量、党建、环境、设备、物资、计划等模块系统联动的问题。

3.3 智慧工地整体架构

智慧工地整体架构可以分为三个层面：

（1）第一个层面是终端层。充分利用物联网技术和移动应用提高现场管控能力。通过 RFID、传感器、摄像头、手机等终端设备，实现对项目建设过程的实时监控、智能感知、数据采集和高效协同，提高作业现场的管理能力。

（2）第二层是平台层。如何提高各系统中处理复杂业务及产生的大量模型和大数据效率，由此导致对服务器提供高性能的计算能力和低成本的海量数据存储能力产生了巨大需求。通过云平台进行高效计算、存储及提供服务，让项目各参建方更便捷地访问数据，协同工作，使得建造过程更加集约、灵活和高效。本项目中引进广联达、九象国际等平台，通过联合研发系统软件，实现了功能需求的落地与应用。

（3）第三层是应用层。应用层的核心内容应始终围绕以提升工程项目管理这一关键业务为核心。智慧技术的可视化、参数化、数据化的特性让建筑项目的管理和交付更加高效和精益，是实现项目现场精益管理的有效手段。

在本项目中，研究以互联网＋平台服务商的模式，开发了一系列的创新服务和产品，真正让"智慧工地"从虚拟走向现实。

视频：智慧工地
系统数据中心

3.4 智慧工地管理系统

通过在施工现场布置各种传感器设备和无线传感网络，将各类数据集成至智慧工地云平台，由云端服务器对数据进行智能处理，同时与反馈控制机制联动，实现对党建、工程、质量、安全、环境、劳务、设备、物资八大模块的全面监控与分析，如图 3.4-1 所示。

图 3.4-1　智慧工地流程

采集层：通过 RFID、传感器、摄像头、手机等终端设备，实现对项目建设过程的实时监控、智能感知、数据采集和高效协同，提高了作业现场的管理能力。

传输层：主要利用 RJ45、RS485/232、光纤环网、Zigbee 无线环网、WiFi、Internet 等网络技术实现将各类感知层采集到的数据远距离传输至物联网中间件服务器。

应用层：将采集端的信息通过智慧工地数据管理中心，手机移动端、警报器、显示器等应用设备显示详细数据，帮助项目管理人员做到更精确的管理，如图 3.4-2 所示。

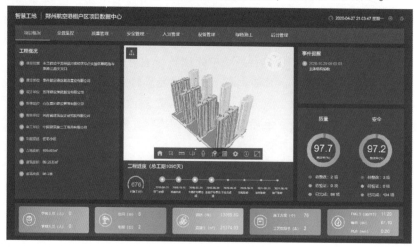

图 3.4-2　智慧工地管理系统平台

3.5　劳务实名制管理系统

a）应用场景实拍一　　b）应用场景实拍二

视频：门禁人脸识别与物联网信息场景实拍

通过管理的延伸，利用现代化信息技术手段，实行一对一全过程跟踪式的管理。劳务实名制管理由信息录入、人脸识别系统、数据管理中心三部分组成。在数据管理中心劳务档案页可显示个人详细信息、考勤统计、日常行为、安全教育等档案内容。

（1）针对将要进场的每一个人，采集基本信息，信息录入由身份证识别器读取劳务人员身份证信息并进行信息采集，保存其姓名、地址、联系电话、岗位资格等重要信息。建立《人员信息档案表》，并整理登记《花名册》，与电子档案信息建立联动机制，且及时更新，保证每一个进场劳务人员信息的准确性和完整性。再通过人脸采集系统进行个人影像的采取及上传，最终达到身份信息的真实可靠性。

（2）劳务人员通过人脸识别进出施工现场，系统会自动识别人员信息，当人员信息与系统信息匹配成功后门禁系统闸才会放行，同时系统会抓拍进出人员相貌，记录人员进出时间，掌握工人作业时间，数据真实可靠。安全帽定位器可以显示工人行动轨迹、工作岗位停留时间，并实时上传相关信息，以便管理人员能时刻掌握工人动态。

（3）劳务实名制数据管理中心通过物联网接收门禁考勤信息，统计分析劳务人员的作业时间及动态内容，生成日常考勤。在管理中心显示大屏上可以查看工人人数变化、劳动力构成分析、各单位劳动力曲线以及工人详细的考勤内容。借用先进科技提高项目劳务管理水平，做到考勤与工资发放科学挂钩，如图 3.5-1～图 3.5-4 所示。

图 3.5-1　劳务实名制系统

图 3.5-2　工人花名册

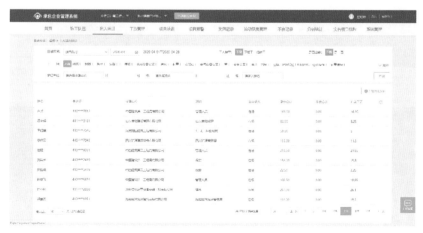

图 3.5-3　工人出入统计系统　　　　图 3.5-4　人脸识别门禁系统

3.6 安全管理系统

3.6.1 智能安全管理

项目安全管理人员利用智能工地小程序或手机 APP 抓拍现场安全违章现象，发起安全巡查和整改，整改人会在手机上收到短信提示，责任整改人将整改后的照片上传到手机 APP，安全管理人员可通过计算机端和手机移动端查看问题整改情况，当整改合格后完成流程闭合，结束流程。当整改不合格时，责任人会再次收到短信提示继续整改直到问题闭合。这样大大提高了安全管理水平，从发现问题到完成整改，只需通过手机端便可完成，省去了下发纸质通知单的过程，做到了无纸化办公，而且效率更高，且项目每个管理人员均可通过手机端查看问题整改落实情况。真正做到了人人管安全，人人参与安全管理的目标。

数据管理中心会统计分析这些问题，按检查部位分析各种问题的出现概率，按问题趋势分析每周安全问题的变化趋势，按劳务班组分析各劳务分包的安全管理水平。利用大屏幕分析的数据项目可清晰明了地把控现场安全情况，见图 3.6-1 和图 3.6-2。

图 3.6-1　安全巡检

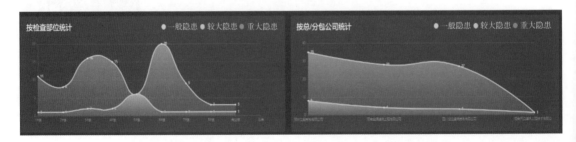

图 3.6-2　安全分析

3.6.2　安全行为之星

为了提高现场作业工人的安全意识，懂得自我安全，本项目中通过向一线作业人员发放"行为安全表彰卡"，评选"行为安全之星"等活动，变说教为引导，变处罚为奖励，变"被动安全"为"主动安全"，切实提高了一线作业人员的安全意识，保证了项目安全生产管理的顺利进行。

项目部观察员在作业现场察看、询问、查验一线作业人员的作业行为及班组的管理行为，对满足"五种行为"之一的作业人员发放"行为安全表彰卡"。并通过手机实时上传工人姓名、具体行为、工种、班组、所属分包单位等信息。数据中心汇总每个工人获得的表彰卡总数量后进行排名，项目部建立"行为安全表彰"档案，如实记录人员，早班会上对排名前 20 的工友发放日用生活奖品，以资鼓励，如图 3.6-3、3.6-4 所示。

图 3.6-3　安全行为之星

3.6.3　无人机航拍安全监控

无人机是指通过机载计算机程序系统或者无线电遥控设备进行控制的不载人飞行器，无人机遥感技术是继航空、航天遥感技术之后的第三代遥感技术。相比较载人飞机、卫星等技术在环保领域中的应用，无人机遥感系统运行成本相对较低。

图 3.6-4　安全行为分析

将无人机应用在建筑工地上可以从高空清晰拍摄施工现场的每个角落，对建筑面积大，多地块施工的项目起到重要的安全监控作用。无人机巡查可提高工地精细化管理的标准，通过无人机实时传回的航拍图片，能及时掌握工地是否按照规定采取了扬尘防控措施，能察看文明施工的情况，能清楚地观察到工地存在的各种问题，对火灾的早期观察和指导也能起到重要作用。从实际运用中来看，无人机可突破时空的限制，以其机动性和快速性而提高环保巡查的效率以及快速响应应急状况，代替工作人员进行高危或者不宜进入的地区进行作业，对平时人工巡查不到、巡查不及时的地方，无人机也能做到全覆盖，并且保障工作人员的人身安全，如图 3.6-5 所示。

3.6.4 安全帽智能识别及定位

现场配置智能安全帽识别服务器、摄像头及显示屏等，智能识别经过监控区域的人员是否佩戴好安全帽，当识别出现场有人未佩戴安全帽时候，AI 安全帽智能识别系统会进行语音播报，将相关报警信息推送给项目安全管理人员，并在后台记录未佩戴安全帽者的照片。管理人员可以通过广播系统对未戴安全帽的工友进行安全提醒，防止未戴安全帽的工人随意进入施工现场。工人佩戴的智能安全帽具有实时定位功能，在服务器终端可以查看工人行走路线轨迹，每个工作点的工作时间，对于一些特殊部位的作业人员可以设置电子围栏及时告警。在平常应急演练的时候，项目部的领导或者上级指挥部、企业管理部门的领导可以不用去现场就能够通过可视安全帽实时回传的图像，可以第一时间看到现场演练情况，并且进行通话指挥，如图 3.6-6 所示。

图 3.6-5 无人机航拍图

图 3.6-6 智能安全帽识别

安全帽智能识别及定位系统的应用可以大大提高项目的安全管理水平，时刻抓拍未佩戴安全帽的工人，既提高了工人的安全意识，又方便了工人管理，定位系统的应用可以时刻掌握工人的工作信息、工作时长，对工资发放起到佐证作用，有利于劳务实名制的管理，如图 3.6-7 所示。

图 3.6-7 智能安全帽管理系统

3.6.5 智能用电安全隐患监管

智慧用电安全隐患监管服务平台作为智慧工地的一个组成部分，是智慧安监、项目管理创新、安全生产的重要内容。智慧用电安全隐患监管服务平台是指通过物联网技术对电气引发火灾的主要因素（导线温度、电压、电流和漏电流等）进行不间断的数据跟踪并进行统计分析,以便实时发现电气线路和用电设备存在的安全隐患(如线缆温度异常、过载、过电压欠电压及漏电流等),经过云平台大数据分析,及时向安全管理人员发送预警信息,提醒相应管理人员及时治理隐患,达到消除潜在的电气火灾危险,实现防患于未然的目的。该平台能优先解决用电单位的一些难题,如用肉眼无法直观系统及时排查的电火灾隐患,以及很难完成隐蔽工程的隐患检查等。

项目管理人员可使用 Web 网页的方式登录管理自己所拥有的监控装置设备,进行当前指标、历史数据的查看和管理。配套 IOS 系统和 Android 系统的手机 APP 端软件,可通过手机实时查看设备的工作状态。在发生指标超标等情况时,通过手机短信、手机端 APP、PC 端等进行实时推送,在电子地图上查看当前已安装的设备的工作状态,做到直观浏览,可以及时排除安全隐患。数据实时上传存储,便于随时查询历史使用状态、告警信息、指标数据,可追溯以往的隐患情况,追溯责任的区分,从而真正做到智慧管理,提高安全用电管控,及时做到防患于未然,参见图 3.6-8 和图 3.6-9。

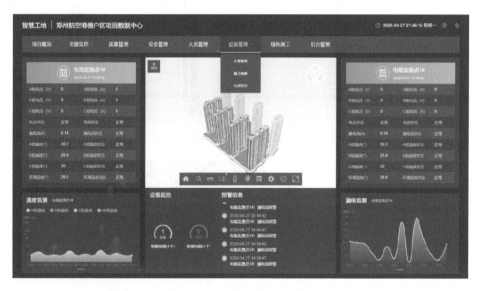

图 3.6-8　智能用电管理系统

图 3.6-9　用电统计

3.6.6 危险区红外线对射报警提示

危险区红外线对射报警提示的侦测原理是利用红外发光二极管发射红外光束，再经光学系统使光线变成平行光传很远距离，由受光器接收。当光线被遮断时就会发出警报，传输距离控制在600m内，当有人横跨过监控防护区时，就会因遮断不可见的红外线光束而引发警报。红外线对射报警器总是由发射机和接收机组成。发射机发出一束或多束肉眼无法看到的红外光，形成警戒线，当有物体通过时，若光线被遮挡，则接收机信号发生变化，放大处理后变成报警信号。在项目围挡和危险禁行区安装红外线对射报警提示器可以极大地节省人力，对管理盲区也可以起到实时的监管作用，见图3.6-10、图3.6-11。

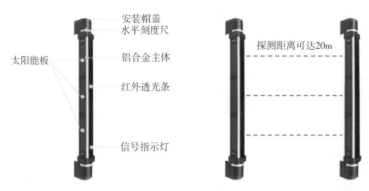

图 3.6-10 红外线对射报警装置

3.7 质量管理系统

质量管理系统以巡检移动端为主要工具，实现质量巡检和验收在线化，并能将相关位置数据与 BIM 相连，提高项目质量管理的效率。通过动态模拟，实现各分部分项工程施工工序样板的可视化、智能化，可对施工人员进行更直观的样板交底。同时，标

图 3.6-11 红外线对射报警装置

养室远程监控系统，能对对标养件进行温度和湿度的远程监控及数据收集，达到标养条件后自动发送信息至管理员，从而实现标养品的智能化管理。

3.7.1 质量巡检移动端

常规项目的质量把控主要靠施工现场的质量管理人员来回巡查，发现问题、记录问题、下发整改通知单到相应工区责任单位、责任单位收到整改通知单后对照相应部位进行整改，整改完毕后报项目部进行验收。过程复杂，涉及人员众多，费时费力。

通过质量巡检移动端（智慧工地小程序/APP），质量管理人员在巡场过程中就可利用手机便捷地发起质量过程检查及整改通知，指定位置、指定专人进行整改项接收。后续工作同样可

进行在线跟踪监管，最大限度地提高了对质量问题的发现和处理信息传递的时效性，大大提高了工作效率，如图 3.7-1 所示。

图 3.7-1　质量巡检系统

3.7.2　工序二维码的应用

二维码，又称条码，但二维码能够在横向和纵向两个方向、两个维度同时存储和表达信息。因此我们称它为"二维码"。目前，二维码技术已经被广泛应用于不同行业的工作流程中，随着中国智能手机的快速发展，二维码的应用变得越来越普及，也更为大众化，在建筑工程中也得到了广泛的应用。

本项目中，将现场各专业技术交底书制作成二维码粘贴在每天的早班安全教育处用于技术交底，在进场的专业技术交底和安全技术交底后，日常施工中工人们只要用手机扫一扫，就可以再次详细了解某道工序的作业要求。将二维码技术交底书设置在施工样板处，按特定的样本粘贴相应的二维码技术交底书，使安装工人既能看到安装实物，又能了解到具体的安装程序。

实践中，各项目也可推陈出新，创新施工现场安全管理模式，将现代化二维码技术应用于施工现场设备责任管理和安全教育等方面。将现场使用的配电箱、变电所设备等机械的操作规程、生产厂家、施工单位、操作使用说明等信息录入到二维码系统中，仅需一个小小的二维码就可以完成交底内容、验收情况和相关责任人情况等信息的共享。同时运营单位可以利用二维码减少操作失误，减少损失，如图 3.7-2 和图 3.7-3 所示。

图 3.7-2　二维码的应用

3.7.3　标准化工艺视频的应用

工艺标准化的推广具有多方面的意义。第一，可以促进施工企业整体技术水平的提升，增

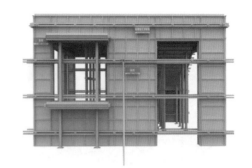

图 3.7-3 共享工序设计图

强企业竞争力，使完成同等任务量所消耗的人财物资源更少，在复杂条件下完成施工任务的效果更好，有助于打造和提升企业的核心竞争力，赢得市场竞争。第二，有利于工程质量的提高。标准化是科学施工经验的总结，推广标准化能有效避免可能诱发工程质量风险的不当施工，解决施工中遇到的各种常见困难，使建筑业的劳动者按照工艺流程科学工作，提高操作水平。

在标准化推广中借助视频化应用手段以强化施工现场管理，具有以下几个方面的优势：

（1）形象直观，可学性强。通过录制视频的形式把标准化所包含的新技术、新工艺直观形象地展现出来，具体的操作技巧、方法等可一目了然，给人一种亲临现场的感觉，便于大范围地推广和学习。同时，在推广过程中，被推广单位直接通过视频学习的形式，对照同一套原始视频开展学习，即使在很大范围内推广也不会出现信息传递过程中的衰减或失真，保障了标准工艺推广的准确度。

（2）可以边学边试，不必脱产。传统的标准化工艺推广活动常以现场推广会、集中培训等形式进行，需要项目技术管理人员脱离施工现场，集中参加推广活动。但在工程项目建设过程中往往任务极其繁重，项目经理等技术管理人员难以抽身离开施工现场参加集中培训。而视频化应用的推广方法可以有效解决这一难题，既无须技术管理人员离开施工现场，又可以起到观摩标准化现场的作用。同时可以对照标准化，在自身项目建设实践中边学边试，即时尝试、实践标准化。

（3）借助网络手段，可快速大范围远程推广传播。视频化应用是信息技术和新媒体技术下的产物，上述技术赋予了其他方式无可比拟的优势，如可以实现快速、大范围、远程推广传播；如借助网络技术，可以实现即时在全球范围内发布标准化工艺视频并提供下载服务，可异地同时共享，即使相隔千万里也可接受远程教育培训。

（4）成本较低，一次制定，长期受益。相比较组织大型的现场推广会等形式而言，视频化推广的方式成本更为低廉，占用的各项人、财、物资源更少。同时，一次投资，长期收益。视频制作完成后，可以在标准化有效期内无限制地重复刻录复制，刻录复制的成本则更为低廉，如图3.7-4、图3.7-5所示。

图 3.7-4 便携式移动视频

图 3.7-5　BIM + VR 三维实景教育

3.7.4　质量实体样板工序展示

1. 实体样板的目的与作用

鉴于当前建筑施工一线作业人员操作不规范，技术水平不高，采取传统的口头、文字等方式进行技术交底和岗前培训往往不能达到应有的效果；同时，也由于多数施工现场未按一定程序和要求制作用于指导施工实物质量的样板，使得技术交底、岗前培训、质量检查、质量验收等方面都缺乏统一直观的判定尺度。施工样板工程是按照预防为主、先导试点的原则，在分项工程中选择第一个施工项目作为样板工程，并将样板工程中的每一个工序作为样板工序，对每一道工序制定作业指导书，按照严格程序进行策划、修正、实施、验证总结，成熟后再进行推广实施。将抽象的设计要求和烦琐的质量标准、规范、规程等具体化、实物化，使施工管理人员，尤其是现场操作工人能看得见、摸得着。为保证单项施工总体质量，在施工前对该项工程先小规模施工样板，该样板经确认后，方可允许施工单位进行大面积总体施工。通过推行施工样板工程，以样板工程作为示范，引领后续同类工程的标准化施工，为提高项目的施工工艺水平和技术质量管理水平，提高功效，确保质量，创造更多的精品工程打下了基础。

2. 实体样板展示内容

结构样板主要体现在钢筋工程样板、模板工程样板、混凝土工程样板、安装管线预埋样板、屋面装饰样板。装饰装修样板主要体现在砌体工程样板、抹灰及涂料样板、外墙装饰样板、门窗及栏杆样板、厨卫防水及安装样板、安装预埋样板、安装成品样板。每个工序样板要符合现场实际要求，能指导管理人员和工人进行交底，工人施工作业时只需按照样板工艺进行作业，按部就班操作即可，从而提高了不同工人的技术水平，促进了质量管理，如图 3.7-6 所示。

3.7.5　标养室远程监控系统

标养室远程监控系统由监控中心、通信模块、温湿度传感器、无线通信数据采集设备、无线温湿度变速器、智能系统显示终端等组成，分布在各个监测点的温湿度传感器将采集到的实时数据通过无线传感器网络传输到无线通信数据采集设备，无线通信数据采集设备再将接收到的信息传送给通信模块，通信模块最后将所有信息传到监控中心进行显示、报警并供查询。

图 3.7-6　工序样板展示区

温湿度监控系统功能有如下特点：

（1）可在线实时 24h 连续采集和记录监测点位的温度、湿度等各项参数，以数字、图像和图形等多种形式进行实时显示并记录存储监测信息，监测点位可扩充到上千个。

（2）可设定各监控点位的温湿度报警限制，当出现被监控点位数据异常时自动发出报警信号，并通过短信预警的方式进行报警，上传报警信息并进行本地及远程监测。

（3）实时显示功能，系统可以使用数据、实时曲线等方式显示当前各冷链设备的温湿度数据情况。同时可根据权限供相关人员查询。

（4）监控主机端利用监控软件可随时打印任意时刻的温湿度数据及运行报告。

（5）强大的数据处理与通信能力，采用计算机网络通信技术，局域网内的任何一台计算机都可以访问监控计算机，在线查看监控点位的温湿度变化情况，实现远程监测。系统不但能够在值班室监测，管理人员在自己办公室也可以非常方便地查看和管理，如图 3.7-7、图 3.7-8 所示。

图 3.7-7　标养箱监测设备　　　　图 3.7-8　标养室监控系统

3.7.6 大体积混凝土无线测温系统

大体积混凝土无线测温系统主要由测温探头、信号线缆、测温主机（具有无线信号发射功能）、云端服务器及显示终端等构成。

其主要原理为：测温探头及信号线缆在混凝土浇筑前以预埋的形式固定在相应标高位置处，待混凝土浇筑完成后，混凝土强度达到上人条件时，将测温主机与信号线缆预留端接头连接，测温主机就会实时将温度数据以无线信号的方式发送到指定云服务器，通过显示终端的操作软件对大体积混凝土水化热温度进行实时监控。同时将数据进行收集、汇总、整理，以图表的形式输出给软件终端，使管理人员更加直观地了解大体积混凝土在强度成长过程中的温度变化规律。

与传统大体积混凝土测温方式不同，此项技术更加智能地节省了测温人员的投入，增加了数据的时效性和准确度，见图 3.7-9。

3.8 设备管理系统

依据远程监控设备和手机移动终端，可以实现施工升降机监控管理、塔式起重机监控管

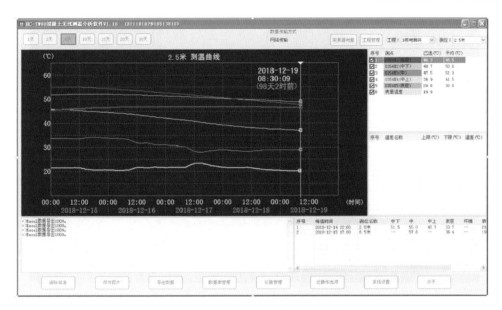

图 3.7-9 大体积混凝土测温曲线分析图

理、塔式起重机防碰撞系统、卸料平台安全监控等。对塔式起重机司机、施工升降机司机实现人脸识别，设备司机经人脸识别后才能启动，做到设备专人专用。塔式起重机防碰撞系统的应用，可自动识别塔式起重机运行轨迹以防止碰撞，当塔式起重机大臂靠近物体时，会自动报警，以提高安全系数。塔式起重机吊钩可视化的应用，实现了利用监控室和操作室查看物料吊运实时状态，项目管理人员和塔式起重机司机均可随时监控吊钩的实际情况。

3.8.1 施工升降机监控管理

施工升降机监控管理系统由设备内部的安全监测仪和远程监测管理平台两部分组成。集自动控制、驾驶员身份识别、防坠技术、门锁状态监测、无线传输等高科技于一体的电子监测系统，是现代建筑起重机械领域新型、全面、可靠的安全防护系统之一。

（1）安全监测功能。作业司机通过人脸识别后方可打开施工电梯，轿厢内安全监测仪能实时监测电梯的载重、运输速度、控制限位高度、门锁状态，能对各种危险信号发出警报语音提示，提醒司机和作业人员，并能传输到远程监管平台，实现对建筑机械的远程管理和控制。

（2）超载抓拍违规记录。通过在轿厢内安装抓拍摄像头，当超载强制运行时会对轿厢内情况进行抓拍，上传数据，安全监测系统会同步停止电梯运行，项目远程监控终端会收到信息提示。

（3）楼层呼叫器。采用楼层呼叫器可进行上传下达，楼层作业人员只需按动相应楼层呼叫器，电梯司机便可收到反馈信号，避免大声喊叫以及爬上爬下地传达指挥口令，节约了大量的时间和人力，提高了工作效率，如图 3.8-1 和图 3.8-2 所示。

3.8.2 塔式起重机监控管理

塔式起重机安全监控系统是集风速传感器、变幅传感器、高度传感器、回转传感器、吊重

图 3.8-1　施工电梯管理系统

传感器、司机人脸识别启动系统、倾角监测器、数据采集存储技术、无线传输技术等高科技为一体的综合性新型监测系统。该系统能实现多方实时监管、塔式起重机群防碰撞、防倾翻、防超载、实时报警、实时数据无线上传及记录、精准吊装。

（1）塔式起重机群防碰撞功能。在塔式起重机上安装安全监控系统，可实时监测塔式起重机的大臂仰角、回转角和载重数据，数据在云平台上可视，对塔机间碰撞提供实时预警，并自动进行制动控制。且能实时监控塔式起重机运行中的高度、幅度、转角、风速、倾角、吊重、力矩等实时参数。

图 3.8-2　施工升降机人脸识别

（2）人脸识别及吊钩可视化作业。备案合格，有特种作业证的司机通过人脸识别后方可启动设备，将移动视频安装在小车上，垂直监控，永不丢钩，不受建筑物遮挡，通过摄像机的画面引导塔式起重机司机的作业，保障了安全作业。

（3）真人语音报警。在塔机驾驶员违规操作时，主机立即真人发声预警、报警并在屏幕上显示红色预警、报警项目，"双管齐下"及时提醒驾驶人员处置，如图 3.8-3 和图 3.8-4 所示。

图 3.8-3　塔式起重机运行安全监控

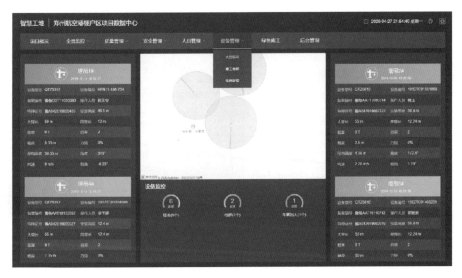

图 3.8-4　塔式起重机监控系统

3.8.3　卸料平台安全监控系统

卸料平台安全监控系统主要用于卸料平台的安全监控，具有现场实时显示主钢丝绳实际受力值、超载报警、实时远程报警等功能。硬件由受力传感器、系统主机、警示灯、连接线、电源等组成。具有安装方便、调试简单、性能稳定、报警准确等特点，能有效预防安全事故的发生，解决了卸料平台安全管理的盲区，见图 3.8-5。

图 3.8-5　卸料平台安全报警装置

3.9　工程管理系统

充分利用项目指挥室、远程监控系统和远程广播系统，可直接通过 360°无死角实时全景监控项目的每个角落，指挥室屏幕上显示每个管理区，在指挥室可通过远程广播系统，对管理区域直接喊话，如图 3.9-1 所示。

3.9.1　项目作业指挥室

项目作业指挥室是整个项目的指挥所，可直接通过 360°无死角实时全景监控项目的每个角落，作业指挥室屏幕上显示每个管理

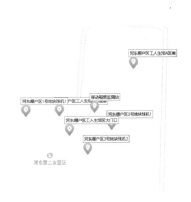

图 3.9-1　视频管理系统

区，可对大型活动人员引导、应急突发情况、实时安全监控、制定作业目标起到重要作用，是项目运作的中枢系统。

作业指挥室有完整的作业运作体系，一般由项目上的党委书记和项目经理统筹指挥，建立作业指挥群，每季度由总指挥下达作业目标，按月完成年度总目标，工程部有产值责任目标，质量部负责结构创优目标，技术部负责科技示范工地申报，安全部主管全国 AAA 级安全文明工地申报，并制定人才培养计划，指令直接送达各部门经理，由各个部门领导全面负责落实作业计划内容并反馈工作进度，实时召

图 3.9-2　作业指挥室远程监控

开作业指挥会议，调整战略目标。作业指挥室的设立提高了项目的管理水平，有利于促进大家积极沟通，团体协作能力得到提高，如图 3.9-2 所示。

3.9.2　移动视频监控站

移动视频监控由太阳能电池板、移动设备、摄像头、信号传输设备等组件构成。通过需要来移动设备观察不同的场景，工作原理为利用太阳能板供电，摄像头采集影像与信号传输和存储。移动视频图像在前端采集，可根据需要观察的角度进行调整，采集方式动态可变。后端为安防监控，监控人员可通过手机遥控监控现场或计算机远程实时监看动态画面。在重大危险源监控旁站、物资监管方面发挥了重要作用，为项目安全管理提供了更简单、更便利、更及时的监控解决方案，如图 3.9-3 所示。

图 3.9-3　移动视频监控站

3.9.3　工地安全广播系统

由于建筑工地布线困难，而且安全无线广播具有可扩展性强，灵活性高，免布线，维护简单等优点，因而被广泛采用。工地安全广播系统可采用国内先进的互联网，蜂窝网络带宽传输，UTP/Gn 接入，嵌入式文本语音转换等技术组合于一体。系统主要由企业级交换机、路由器、无线网桥、计算机、扬声器、网络音响等设备组成。

其特点是覆盖区域广，整个施工区域均能在语音覆盖范围内，每个工人都能接收到语音广播；设备永远在线，终端利用蓄电池直流 12V 供电，可始终保持终端带电。终端接受远程各级中心控制，始终保持在线待机状态；高速传输，采用无线 IP 网络专网、蜂窝网络带宽传输，

保证了信号的高速传输，数据传输延迟可忽略不计，网络无缝连接；同时，控制中心按优先级可随时发布和接收信息，且可以定时或立即显示和播报。

信息发布工作人员，通过操作和使用接入互联网的安全无线广播平台，将规章制度、违规违章事件、应急情况等信息定时或手动发布。通过计算机端可定时播放安全教育语音，在工人上下班时播放轻松歌曲。可快速、及时、准确地将各类信息，特别是日常安全防范信息传播给施工现场的工作人员，提高安全防范预警能力，达到最大限度减少安全事故发生的目的，见图 3.9-4。

图 3.9-4　远程广播

3.10 物资管理系统

物资管理系统包括智能地磅系统和手机移动终端物资追踪系统。

3.10.1 智能地磅

图 3.10-1　智能地磅

智能地磅采用专用感应车牌识别一体机，集车牌识别、雷达车感、承重系统、语音播报、补光、储存于一体，是无人值守地磅行业的专用产品；当车辆进入施工现场，智能地磅可记录车牌、进出时间、进出重量，上传到智慧工地数据管理终端，可以用手机实时查看数据，计算机端可批量下载打印相关运输车辆信息。一方面通过系统管理明确现场库存状态，另一方面可通过无人值守的地磅系统杜绝偷料等不良行为，提高了项目的物料管理水平，见图 3.10-1、图 3.10-2。

图 3.10-2　智能地磅系统

3.10.2　车辆管理系统

在项目出入口加装车牌识别系统，对进出施工现场的车辆进行管理，项目登记在册的车辆会自动识别放行，外来车辆需保安人员登记后方可放行，车辆识别系统会记录车牌号码，拍照登记车辆出入时间，并上传到数据管理终端，打开手机便可查看现场车辆的信息，以此辅助施工现场的车辆管理，如图 3.10-3 所示。

图 3.10-3　车辆监控系统

3.11　环境管理系统

以 BIM 远端为前端，利用物联网设备实时将环境及能耗数据传输到云平台，通过手机 APP 或设备终端，可随时查看各项监控数据及相关预警提示，用于实现施工噪声监测、扬尘监测、工程污水、施工用水用电、固体废弃物和再生能源的自动化监测及数据表格下载分析服务的现场决策等，并可智能控制现场设备，当扬尘监测值报警时自动启动喷淋系统，从而实现项目的智能化管理，如图 3.11 所示。

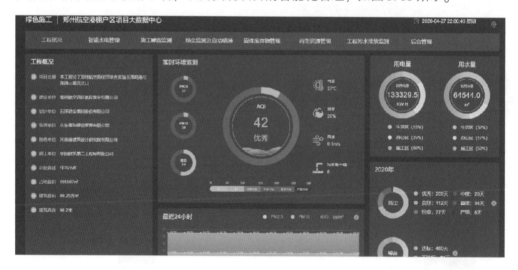

图 3.11　环境管理系统

3.12　党建管理系统

利用党建思想拓宽发展思路，设置党建宣传基地和教育基地，采用 VR 党建创客空间学习老一辈革命先烈的优秀事迹，调动项目广大党员和员工的积极性，充分发挥党支部的战斗堡垒作用及党员先锋模范作用，始终坚持党建引领服务生产，真正体现党总揽全局、协调各方的核心作用。

本项目中，始终坚持以生产为中心，精耕细作，坚持"技术创新，安全护航，质量引领"的路线，推动项目高速度、高质量发展。在醒目位置设置了党建展板，告诫每一名同志要"忠诚敬业、公而忘私、执纪严明、关爱群众"，项目党支部紧跟"不忘初心、牢记使命"主题教育要求，守初心、担使命，找差距、抓落实，紧紧围绕党建工作和项目生产经营任务，不断拓展党建文化载体，丰富党建文化内涵，持续深入开展党建文化建设，把"服务生产"的思想烙在心上，落实到行动中，以新时代、新目标为要求，全力推动高质量党建引领高品质发展的思路。

党建教育VR体验只需要一人操作，其余人只要戴上VR头盔，便立刻置身于党史馆中央，通过VR定位追踪设备交互控制前进方向，自由行走在庄严的党史馆，深入学习党史的发展历程。身临其境的VR党建视听体验，以沉浸式、互动性的体验学习，让党员穿越时空"足不出户"便可重温井冈山、延安的革命斗争精神，体验红军爬雪山、过草地、飞夺泸定桥的艰辛历程，感悟习总书记的殷切希望，领略新时代新中国的巨大成就，激发党员和广大职工的工作积极性。

宣传工作是党的建设的重要工作，如何做好思想宣传工作，打造对外宣传窗口也是项目工作的重要内容。项目始终深入贯彻落实习总书记在全国宣传思想工作会议上的讲话精神，做好项目宣传工作。首先，项目采用丰富的宣传载体，多角度多方面做好宣传工作。项目在保证公司协同平台、局（此处"局"指中国建筑第二工程局，下同）报、局微信的投稿宣传等内部宣传外，注重加强微信公众号、头条号等平台的宣传力度。其次，项目加强属地党建联建，与属地党工委成立了党建联建示范点，通过联建活动，进一步增强了项目全员的核心凝聚力和团队自豪感，营造了项目的外部良好环境，成功打造了区域品牌，推动项目宣传工作不断取得新成效，参见图3.12-1～图3.12-6。

图3.12-1　党建VR系统——飞夺泸定桥

图 3.12-2　党建 VR 系统——开国大典

图 3.12-3　党建 VR 系统——抗日战争

图 3.12-4　党建 VR 系统——长征过草地

图 3.12-5   党建 VR 系统——长征爬雪山

图 3.12-6   党建 VR 系统——遵义会议

第 4 章　绿色建造

4.1　绿色建造平台

4.1.1　施工噪声监测

1. 目的

施工现场通过运用噪声监测仪器，对噪声进行实时监测，并将噪声数据及时传输至项目管理人员处，有利于对噪声污染的监控。

2. 主要内容

在施工现场主通道和工地大门分别布置噪声监测控制点，实时监测噪声值，噪声数据自动上传至物联网平台，形成每日《施工现场噪声测量记录》、噪声曲线图和月度日平均噪声值分析图等，便于项目部对施工现场噪声污染的管理。

3. 应用实例

本项目中，在施工现场主通道和工地大门口处布设噪声监测点，通过噪声监测仪器实时监测施工现场的噪声值，并将噪声值及时上传至物联网平台，如图 4.1-1 和图 4.1-2 所示。

图 4.1-1　噪声监测仪器的应用

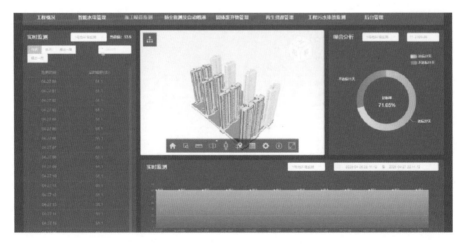

图 4.1-2　噪声监测平台页面

4.1.2 智能水电管理

1. 目的

通过安装智能水表电表，统计并实时监控用水用电量，便于对用水用电的管控，达到节约水电的目的。

2. 主要内容

根据施工现场情况分别对施工区、生活区、办公区安装智能水电表，统计每个区域的用水用电量，数据自动上传至物联网平台，形成月度、年度用水用电量报表。

3. 应用实例

本项目中，在施工现场、生活区、办公区分别安装了智能水表电表，监测每个区域的水电使用量，监测结果实时上传平台，便于项目管理，参见图4.1-3和图4.1-4。

图4.1-3 智能水表电表的应用

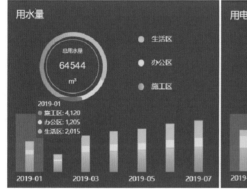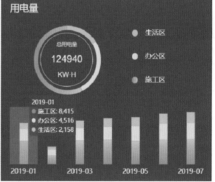

图4.1-4 智能水电管理平台页面

4.1.3 扬尘监测及自动喷淋

1. 目的

通过运用扬尘监测仪器，将空气中扬尘含量传输至物联网平台。当扬尘监测值达到预警值时，自动启动喷淋系统，从而达到降尘的目的，同时按需供给，也节约了水资源。

2. 主要内容

扬尘监测监控点设置于施工现场主通道和工地大门口处，可实时监测扬尘含量，数据自动上传至物联网平台，形成扬尘排放时间曲线图，当PM2.5或PM10的浓度达到警戒值后会报警提示，喷淋系统和高压雾炮机自行启动，在喷淋设备的水管端口加装智能水表，即可记录喷淋的时间、部位和喷淋的耗水量，喷淋所产生的水还可以通过下水管道进入沉淀池中循环使用。

3. 应用实例

本项目中，在施工现场设置扬尘监测点，实时显示扬尘数值，并上传监控平台。当扬尘监控数值超过警戒值后，自行启动现场的喷淋系统，洒水降尘，参见图4.1-5和图4.1-6。

图 4.1-5　喷淋系统

图 4.1-6　扬尘监测平台页面

4.1.4　工程污水排放监测

1. 目的

通过运用污水检测系统，对施工现场污水进行实时监测，并将监测数据上传至物联网平台，便于项目部管理，防止污水直接排放到市政管网。

2. 主要内容

在施工现场三级沉淀池安装 pH 在线检测仪，实现对现场污水自动采样、流量在线监测和主要污染因子在线监测，自动形成水质监测结果报告单，形成相关文件；当 pH 值超过标准值后，自动启动报警设备，通过工程污水排放监测系统，能有效防止除雨水外其他未经处理的水源排至市政管网。

3. 应用实例

在本项目中，通过在沉淀池安装 pH 检测仪，实现了对现场污水、流量的自动监测。当监测污水 pH 值超过标准值后，会自动启动报警装置，对控制污水排放发挥着重要的作用，如图 4.1-7 和图 4.1-8 所示。

4.1.5 固体废弃物管理

利用可移动智能地磅，对产生的固体废弃物种类、总量、回收利用量、出场量、废弃物产生部位、产生时间等进行统计，通过可移动智能地磅将数据记录并上传至物联网平台，形成固体废弃物回收利用报表，参见图 4.1-9。

图 4.1-7 污水监测仪器

图 4.1-8 污水监测平台页面

图 4.1-9 固体废弃物管理系统

4.1.6 智能地磅管理

1. 目的

通过运用智能地磅移动终端，对固体废弃物进行统计，可更加直观、简便地对固体废弃物进行监测，减少人员工作量。

2. 主要内容

利用可移动的智能地磅，对产生的固体废弃物种类、总量、回收利用量、出厂量、固废产生部位、产生时间等进行统计，通过智能地磅移动终端将数据输入，同时上传至物联网平台，自动形成固体废弃物回收利用报表。

3. 应用实例

本项目中，在主要出入口处设置智能地磅系统，对固体废弃物进行统计，并实时上传至平台，方便人员管理和监测，如图4.1-10所示。

图4.1-10　智能地磅移动终端

4.1.7 再生能源利用

1. 目的

通过跟踪、监测、对比分析、能源等的再生利用，可以达到节约用水用电，减少成本支出，应用绿色建造技术，推动人与自然和谐发展。

2. 主要内容

太阳能、风能等再生能源的设备，可配备独立智能电表计数，非传统水源出水口设置独立的智能水表，并将其数据直接上传至物联网平台，将数据真实保存并进行智能分析。通过独立智能水表、电表的计量，与普通设备的用水用电量进行对比，可分析各项再生能源的节水节电量，从而为工程绿色建造管理行为提供依据。

3. 应用实例

本项目中，通过物联网监控平台，利用智能水表、电表和普通设备用水、用电量的对比，分析各项节水节电量，达到了能源的再生利用和分析记录，如图 4.1-11 所示。

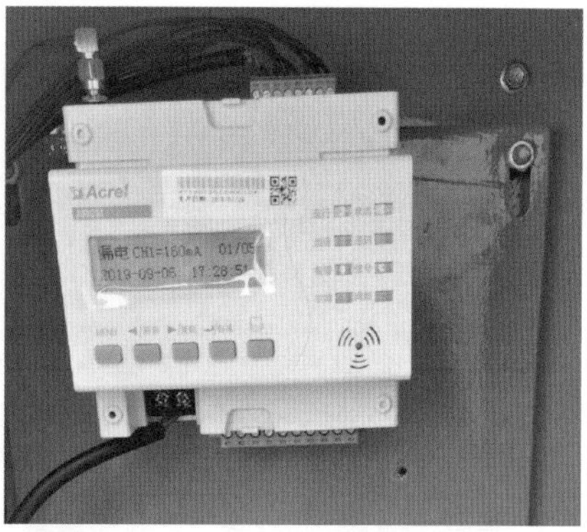

4.2 节材与材料资源的利用

4.2.1 节材措施

1. 目标

通过所制定的节材措施，跟踪、落实节材情况，淘汰不符合绿色建造要求的材料。根据绿色建造的要求，强化技术管理，对传统施工工艺进行改进，达到了节约材料，提高材料利用率，减少材料资源的浪费，推进了绿色建造技术的应用。

2. 主要内容

根据施工进度计划、材料使用时间、库存情况等制定材料的采购和使用计划。现场材料堆放有序，并满足材料储存及质量保持的要求，根据库存情况合理安排材料采购、进场时间和批次，建立进场台账；并制定限额领料制度，对各施工班组所使用材料严格把控。

结合现场实际情况制定项目的绿色建造节材与材料资源利用的目标值。在图纸会审中审核节材与材料资源利用的相关内容，确定不同直径的钢筋连接方式。

利用 PPT、动画等交底方式，对模板、架体、装修等工艺利用 BIM 建模，并在现场张贴排版图和布设图，让施工工人一目了然，避免了因返工造成的材料资源浪费。

采用铝合金模板提高模板、满堂架的周转次数；优化安装工程施工方案，减少安装材料不必要的浪费；就地取材，距施工现场 500km 以内生产的建筑材料用量占建筑材料总使用量的 70% 以上。

3. 应用实例

本项目中，在砌体结构、模板工程、装饰装修工程等采用 BIM 技术预先建模，并对工人进行交底，使其能够按照建模图形施工，减少了材料的使用浪费。在钢筋工程施工时，对钢筋直径大于等于 12mm 的钢筋，采用电渣压力焊连接工艺和直螺纹套筒连接工艺，减少了钢筋搭接，节约了钢筋量。在材料周转方面，工程主体结构施工期间，应用铝合金模板和全钢附着式升降脚手架技术，铝合金模板的应用大大节约了木材的使用量，周转次数可达 300 次；全钢附着式升降脚手架的使用，可一次安装成型，随主体结构施工进行爬升，减少了钢管的投入，如图 4.2-1 ~ 图 4.2-3 所示。

图 4.2-1　全钢附着式升降脚手架

图 4.1-11　智能电表

图 4.2-2　拉片式铝合金模板

图 4.2-3　BIM 现场三维建模

4.2.2　结构材料

1. 目标

主体结构施工阶段，通过合理优化施工方案，采取工厂化集中加工模式，加强施工现场管理，利用 BIM 技术建模，科学降低结构材料的使用量，减少主体结构施工期间的材料浪费。

2. 主要内容

（1）钢筋工程。优化钢筋工程施工方案，钢筋下料前审核配料单，采用集中加工，钢筋接头采用直螺纹套筒连接和电渣压力焊连接工艺，降低钢筋损耗量。进场钢筋原材料和加工半成品应存放有序、标识清晰、储存环境适宜，并应制定保管制度，采取防潮、防污染等措施。钢筋除锈时，应采取避免扬尘和防止土壤污染的措施。钢筋加工中使用的冷却液体，应过滤后循环使用，不得随意排放。钢筋加工产生的粉末状废料，应集中收集和处理，不得随意掩埋或丢弃。钢筋安装时，绑扎丝和焊剂等材料应妥善保管和使用，散落的余废料应集中利用。箍筋宜采用一字箍或焊接箍。

（2）模板工程。工程标准层选用可回收、利用率高、周转率高的铝合金模板，模板安装精度符合现行国家标准《混凝土结构工程施工质量验收规范》GB50204 的要求，铝合金模板所使用的脱模剂选用环保型产品，并安排专人保管和涂刷，剩余部分统一回收利用。在铝合金模板深化设计阶段，将砌体结构工程的门洞口下挂过梁、厨卫间止水坎、管井反坎、窗口滴水线、楼梯滴水线等随主体结构优化同时施工。

模板拆除按照支设的逆向顺序进行，不得硬撬或重砸。拆除平台楼板的底模，应采取设临时支撑、支垫等防止模板坠落和损坏的措施，并应建立维护维修制度。

（3）混凝土工程。工程采用商品混凝土，利用粉煤灰、矿渣、外加剂等降低混凝土中水泥用量。

在混凝土配合比设计时，应减少水泥用量，增加工业废料、矿山废渣的掺量；当混凝土中添加粉煤灰时，宜利用其后期强度。混凝土采用泵送、布料机布料的方式浇筑；混凝土振捣应采用低噪声振捣设备，也可采取围挡等降噪措施。清洗泵送设备和管道的污水应经沉淀后回收利用，浆料分离后可作为室外道路、地面等垫层的回填材料。

混凝土宜采用塑料薄膜加保温材料覆盖保湿、保温养护；当采用洒水或喷雾养护时，养护用水宜使用回收的基坑降水或雨水，混凝土竖向构件宜采用养护剂养护。对混凝土浇筑余料进行集中收集，加工成小型预制混凝土块，便于其他部位使用，减少材料的浪费。

（4）砌体结构工程。砌体结构排砖采用 BIM 技术预先排版，将块材使用进行科学统计，生成 CAD 排砖图指导现场工人施工，保证洞口尺寸并控制材料用量。砌体结构施工采用罐装预拌砂浆，掺加粉煤灰等工业废料，降低水泥的使用量。

砌体结构所用材料为加气混凝土砌块，砌块运输采用托板整体包装的方式，现场减少二次搬运，砌块湿润和砌体养护采用检验合格的基坑降水。砌筑施工时，落地灰应及时清理、收集和再利用。非标准砌块应在工厂加工并按计划进场，现场切割时应集中加工，并采取防尘降噪措施。

3. 应用实例

本项目中，在主体结构施工期间，通过严格审核钢筋配料单、科学优化钢筋连接方式、选用周转次数较多的铝合金模板以及利用铝合金模板进一步深化主体结构、商品混凝土中增加粉煤灰和矿渣的掺量、砌体结构采用 BIM 技术预先排版等措施，进行科学合理安排，以减少各项材料的损耗，达到节约材料的目的，如图 4.2-4 所示。

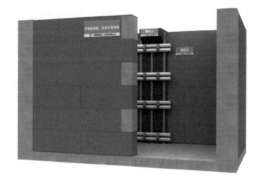

图 4.2-4　砌体结构 BIM 模型

4.2.3 装饰装修材料

1. 目标

装饰装修施工阶段，制定材料使用的减量计划，通过对二次结构深化设计，以及加强管控混凝土实体施工质量，使材料损耗率比额定损耗率降低 30%。施工前，对块材、板材等进行排版，门窗、幕墙、块材、板材采用工厂化集中加工，装饰用砂浆采用预拌砂浆，落地灰及时回收利用；装饰装修成品、半成品采取相应保护措施，材料的包装物分类进行回收，室内装饰装修材料应按现行国家标准《民用建筑工程室内环境污染控制规范》GB50325 的要求，进行甲醛、氨、挥发性有机化合物和放射性等有害物质含量的检测，通过采取以上控制措施，从而达到减少装修材料的使用量，避免材料浪费。

2. 主要内容

（1）地面工程。地面基层处理时，基层粉尘清理应采用吸尘器，没有防尘要求的可采用洒水降尘等措施；针对室内楼板地面基层需要剔凿的，应采用低噪声的剔凿机具。

地面找平层厚度应控制在允许偏差的负值以内，干作业应有防尘措施，湿作业应采用喷洒方式保湿养护。

施工现场切割地面块材时，应采取降噪措施；污水应集中收集处理。

地面养护用水应采用喷洒方式，严禁养护用水溢流；养护期间不得上人或物。

（2）门窗及幕墙工程。外门窗安装与外墙面装修同步进行，门窗框周围的缝隙填充采用无机保温砂浆。木制、塑钢、金属门窗均采取相应的成品保护措施，硅胶使用前应进行适应性和耐候性复试。

（3）隔墙及内墙面施工。工程标准层采用拉片式铝合金模板，将下挂过梁、反坎、抹灰层企口、滴水线、构造柱等进行深化设计，将二次结构深化为与主体结构同时施工。成型混凝土质量达到清水混凝土效果，主体结构墙面免抹灰，减少砂浆使用量。

隔墙材料采用加气混凝土砌块，严禁采用实心烧结黏土砖；加气混凝土砌块墙体抹灰养护采取喷雾的方式。

使用溶剂型腻子找平或直接涂刷溶剂型涂料时，混凝土或抹灰基层含水率不得大于8%；使用乳液型腻子找平或直接涂刷乳液型涂料时，混凝土或抹灰基层含水率不得大于10%；涂料施工应采取遮挡、防止挥发和劳动保护等措施。

3. 应用实例

本项目中，通过对二次结构的深化设计、块材板材预先排版、控制成型混凝土的施工质量以达到主体结构墙面免抹灰效果、装修材料工厂化集中加工、现场采用罐装预拌砂浆等方式，科学有效地控制材料损耗，节约装饰装修材料，减少材料浪费，如图4.2-5和图4.2-6所示。

图4.2-5　主体结构实体成型质量　　　　　　图4.2-6　预拌砂浆

4.2.4 周转材料

1. 目标

通过采用标准化、定型化、可重复利用的现场围挡、大门、作业防护棚、库房、标养箱、安全通道等设施，增加周转材料的使用次数，减少周转材料的使用量，达到节约材料的目的。

2. 主要内容

工程开工前，对项目进行整体策划，将需要使用周转材料的部位、数量等进行提前布置规划，通过采取标准化、定型化、可重复使用的材料，提高周转材料的利用率。

施工现场大门、围挡和围墙根据企业统一要求，采用标准化、工具化、定型化、可重复利用的材料和部件设置。钢筋加工棚、作业防护棚、办公楼防护棚、安全通道、集装箱式标养箱、垂直运输垃圾通道、封闭式垃圾站等，均采用标准化、定型化、可周转式的材料。

工程主体结构标准层采用拉片式铝合金模板施工，周转次数多，成型质量较好，可减少木材和模架支撑钢管的使用。外防护架体采用全钢附着式升降脚手架，安全性能高，外形美观，可减少钢管的使用。

项目设置质量样板展示区和安全教育培训基地，样板展示区和安全培训设施均为模块化、标准化、可移动性和可周转式。

3. 应用实例

本项目中，利用标准化防护棚、钢筋加工棚、安全通道、集装箱式标养箱、垂直运输垃圾通道、封闭式垃圾站、全钢附着式升降脚手架、铝合金模板、模块化质量样板展示区等一系列措施，做到了标准化高、重复利用率高，提高了周转效率，节约了材料的投入量，有效减少了成本支出，如图 4.2-7 ~ 图 4.2-15 所示。

图 4.2-7　钢筋加工棚

图 4.2-8　配电箱防护棚

图 4.2-9　安全通道

图 4.2-10　集装箱式标养箱

图 4.2-11　垂直运输垃圾通道

图 4.2-12　垂直运输垃圾通道（喷淋系统）

图 4.2-13　封闭式垃圾站

图 4.2-14　全钢附着式脚手架

图 4.2-15　模块化质量样板

4.2.5　资源的再生利用

1. 目的

为了贯彻执行国家节约资源、保护环境的技术经济政策，促进工程施工废弃物的回收和再生利用，将施工中产生的直接利用价值不高的废模板、废混凝土、废钢材等材料资源进行回收利用，通过环保的方式进行再造，使之成为可利用的再生资源，减少资源的消耗、浪费，从而达到节约材料资源，推动人与自然和谐发展，践行绿色建造的理念。

2. 主要内容

（1）一般要求。在施工现场回收利用工程施工废弃物，根据废弃物类型、使用环境、暴露条件以及老化程度等分类回收。工程施工废弃物回收可划分为混凝土及其制品、模板、钢筋、砂浆、砖瓦等分项工程，各分项回收工程应遵守与施工方式相一致且便于控制废弃物回收质量的原则。施工之前，编制施工废弃物再生利用方案，并经监理单位审查批准后实施。

工程施工废弃物回收应有相应的废弃物处理技术预案、健全的施工废弃物回收管理体系、回收质量控制和质量检验制度。再生细骨料中有害物质的含量应符合现行国家标准的有关规定。可参照《工程施工废弃物再生利用技术规范》GBT 50743—2012。

（2）废混凝土再生利用。再生骨料混凝土可用于一般的普通混凝土结构工程和混凝土制品制造。施工过程中对强电弱电电箱、混凝土木砖、预制三角砖、混凝土过梁、后浇带预制盖板等构件，进行集中加工。在主体施工阶段，对混凝土余量回收利用，可统一加工成路障、配重块等，以减少有效混凝土的损耗。

（3）废模板再生利用。废模板可作为再生模板的原料直接回收利用；当不能作为再生模板的原料使用时，废模板可加工成其他产品的原料。也可将废弃木模板制作成墙柱护角及楼层水平洞口防护盖板、后浇带的防护盖板、楼层机电安装管线保护盒等。

（4）废钢筋再生利用。钢筋原材下料前，项目应对钢筋料单严格审查，充分考虑钢筋使用量，合理安排钢筋原材的进场尺寸，钢筋配料单经项目技术负责人审核通过后方可对钢筋下料。切断后的废钢筋可焊接成钢筋马镫和梯子筋，用于控制钢筋保护层的厚度及钢筋位置、间距。

图4.2-16　废混凝土再生利用（制作路障）

3. 应用实例

本项目中，通过采用废弃物分类回收、废混凝土再生利用、废模板再生利用、废钢筋再生利用等措施，提高了废弃物回收和再利用效率，节约了资源、保护了环境，减少了资源的消耗、浪费，达到了节约材料资源的目的，如图4.2-16～图4.2-22所示。

图4.2-17　废混凝土再生利用（制作配重块）

图4.2-18　废模板再生利用（制作成护角）

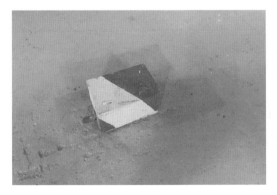

图4.2-19　废模板再生利用（制作成机电安装线管保护盒）

图4.2-20　废模板再生利用（后浇带盖板）

图 4.2-21　废钢筋再生利用（竖向梯子筋）

图 4.2-22　废钢筋的再生利用（做成梯子筋、马凳）

4.3 节水与水资源利用

4.3.1　提高用水效率

1. 目的

通过制定生活用水和工程用水的定额指标，并在卫生间、洗脸池、施工用水等处采取一系列的节水措施，达到节水目的，节约水资源的使用，减少水资源的浪费。

2. 主要内容

结合给水排水点位置进行管线线路和阀门预设位置的设计，并采取管网和用水器具防渗漏的措施。

办公区和生活区的厨房、卫生间、洗脸池等采用节水型龙头、洗脸池下侧设置"S"形回水管；采用自动感应式小便池以及按压式蹲便器，达到节水效果。

建立雨水、中水或其他可利用水资源的收集利用系统，楼层中施工用水采取相关节水措施，防止用水不当，造成楼层污染。另外楼层节水还可以一方面将施工用水充分利用，另一方面有利于进行楼层穿插施工。

混凝土养护采用塑料薄膜覆盖替代洒水养护，覆盖塑料薄膜养护混凝土不易造成水分蒸发流失，可对混凝土进行充分养护，且比洒水养护更加节约水资源。剪力墙、柱等构件，采用喷壶洒水的方式进行养护，避免采用自来水管直接喷洒，造成水资源的大量浪费。

3. 应用实例

本项目中，在办公区和生活区采用节水型水龙头、洗脸池下方设置"S"形回水管，采用自动感应式小便池以及按压式蹲便器、建立水资源回收系统、混凝土养护采用塑料薄膜和喷壶洒水的方式，提高了用水效率，减少了水资源的浪费，如图 4.3-1 ~

图 4.3-1　节水型水龙头

图 4. 3-5 所示。

图 4. 3-2 "S"形回水管

图 4. 3-3 自动感应式小便池

图 4. 3-4 按压式蹲便器

图 4. 3-5 塑料薄膜覆盖养护

4.3.2 非传统水资源利用

1. 目的

建立雨水、基坑降水等可利用水资源的收集利用系统，通过对施工中的非传统用水进行检测、收集、利用等一系列措施，达到对水资源的充分利用，节约用水，循环用水。

2. 主要内容

施工现场采用封闭降水及雨水收集综合利用技术，采用 pH 试纸对基坑降水、雨水进行水质检测，将检测合格的基坑降水用于施工现场喷洒路面、绿化浇灌、冲洗车辆，从而使水资源得以循环利用。对于水质检测不合格的水源，再进行统一按污水处理。

食堂、洗浴间的下水管道应设置过滤网，食堂另设隔油池。隔油池和化粪池应做防渗处理，并定期清运和消毒。

3. 应用实例

本项目中，通过建立封闭降水收集利用系统、水质检测等措施，将水质检测合格的用于喷洒路面、冲洗车辆，对水质检测不合格的统一作污水处理，如图 4. 3-6 ~ 图 4. 3-8 所示。

图 4. 3-6 封闭式洗车棚

图 4.3-7　喷洒路面　　　　　　图 4.3-8　水质检测（pH 值测试）

4.4 节能与能源利用

4.4.1　节能措施

1. 目的

通过合理制定节能措施和能耗指标，明确节能目标，进一步跟踪、落实所制定的节能内容和要求，提高人员的节能意识，从而达到节约能源的目的，提高能源利用率，减少高能耗的浪费，以达到绿色建造的要求。

2. 主要内容

制定施工能耗指标，明确节能措施。合理安排施工顺序及施工区域，减少作业区机械设备数量；选择功率与负荷相匹配的施工机械设备，机械设备不宜低负荷运行，不宜采用自备电源；禁止使用高功耗用电设备，建立机械设备档案管理制度，按时做好机械设备的维修保养工作。

施工现场分别设定生产、生活、办公和施工设备的用电、用水控制指标；合理布置临时用电线路，施工现场、办公区、生活区选用节能器具，采用声控、光控和节能灯具，照明照度按照最低照度设计，临建设施合理采用自然采光、通风和外窗遮阳措施；现场临时用电设备均按照 TN-S 系统要求配备五芯电缆，施工现场采用错峰用电；合理安排施工工序及进度，尽量避开夜间施工和冬期施工，及时进行临时用电验收、过程检查及维护。

3. 应用实例

本项目中，合理安排施工工序及施工进度，避开夜间施工和冬期施工；合理利用机械设备，按时做好机械设备的维修保养工作；采用声控、光控和节能灯具，临建设施合理采用自然采光、通风和外窗遮阳措施，如图 4.4-1 和图 4.4-2 所示。

图 4.4-1　节能灯具

4.4.2 机械设备与机具利用

1. 目的

建立不符合绿色建造要求的施工机具、机械设备的使用限制和淘汰制度，合理使用机械，减少大功率机械设备的投入使用，从而达到节约用电的目标。

图 4.4-2 临建设施外窗遮阳措施

2. 主要内容

建立施工机械设备档案和管理制度，机械设备应定期保养维护。生产、生活、办公区域及主要机械设备宜分别进行耗能、耗水及排污计量，开展用电、用油计量工作，及时完善设备档案，并做好维修保养工作及做好记录，使施工机械设备保持低能耗、高效率的工作状态。施工电梯采用井道式施工升降机，利用建筑物正式电梯井道，使用曳引机驱动，相比于室外施工电梯所使用的强制式电梯功率更小，耗电量更少，更加节约用电。

施工过程宜使用低噪声、低振动的施工机械设备，对噪声控制要求较高的区域应采取隔声措施。施工车辆进出现场，不宜鸣笛；施工机械设备使用和检修时，应控制油料污染；清洗机具的废水和废油不得直接排放。

3. 应用实例

本项目中，通过对机械设备定期维护保养，使施工机械设备保持低能耗、高效率的工作状态；采用井道式施工升降机，利用曳引机驱动，相比室外施工电梯功率小、耗电量更少，如图4.4-3 所示。

4.4.3 临建设施利用

图 4.4-3 井道式施工升降机

1. 目的

通过前期合理策划，完善施工现场的平面布置，充分发挥临建设施用地效率，采取有效的节能降耗措施，满足节能要求。并将标准化、定型化、可重复利用等贯穿施工项目全周期，进而达到节约资源的目的。

2. 主要内容

临时设施的设计、布置和使用，应采取有效的节能降耗措施，利用场地自然条件，临时建筑的体型宜规整，应有自然通风和采光，并应满足节能的要求；遵守绿色建造的理念，合理进行施工现场平面布置，充分发挥施工现场用地，合理利用采光、风能、电能、太阳能，减少能源资源浪费。

临时设施宜选用有高效保温、隔热、防火材料制成的复合墙体和屋面，以及密封保温隔热性能好的门窗，临时设施建设不宜采用一次性墙体材料，办公临建、宿舍临建采用可重复使用的活动式板房，考虑安全因素和相关规范的要求，所建设的活动式板房均为 2 层，且可增加施工现场土地利用率，减少土地浪费。

现场采用装配式可重复使用的标准化围挡封闭，当围挡拆除后，可周转至别处使用。安全防护等临时设施采用定型化、工具化、标准化、可拆迁，采用可回收材料，循环利用，减少材料资源的投入，增加材料物资的利用率。

施工现场道路布置应遵循永久道路和临时道路相结合的原则，施工现场围墙、大门和施工道路周边宜设绿化隔离带。

3. 应用实例

本项目中，采用施工现场围挡、大门、办公临建、宿舍临建、道路等定型化、工具化、标准化、可周转使用的临时设施，增加了材料物资的利用率，体现了高效率、高标准、可周转的使用，减少了资源投入，如图4.4-4～图4.4-7所示。

图4.4-4　现场大门

图4.4-5　现场围挡

图4.4-6　宿舍临建

图4.4-7　永临结合道路

4.4.4　施工用电及照明利用

1. 目的

建立施工用电及照明用电管理制度，生产、生活及办公区域分别进行用电计量，并做好相应记录，通过制定用电能耗指标，明确节电措施以及照明利用的有效措施，达到施工用电的节约，并减少光照污染。

2. 主要内容

根据施工现场和周边环境采取限时施工、遮光和全封闭等避免或减少施工过程中光污染的措施。夜间室外照明灯加设灯罩，光照方向应集中在施工范围内。在光线作用敏感区域施工时，电焊作业和大型照明灯具应采取防光外泄措施。

合理布置临时用电线路，选用节能器具，采用声控、光控和节能灯具，照明照度按照最低照度设计。办公区、生活区照明采用声控+光控开关。在办公室、宿舍、餐厅等用电部位张贴节约用电宣传标语，提示员工节约用电。

项目施工现场采用永临结合的方式，楼梯间休息平台设置吸顶灯，减少临时照明灯具的使用，也减少照明灯具的浪费。办公室、宿舍采用 LED 节能灯具，地下室、塔式起重机大臂、楼梯间照明采用 LED 灯带，施工现场及办公区采用太阳能路灯。

3. 应用实例

本项目中，通过办公区、生活区采用照明声控+光控开关、太阳能路灯、LED 节能灯具、用电部位张贴节约用电宣传标语、夜间室外照明加设灯罩等措施，既减少了光污染，又达到节约用电的目的，如图 4.4-8 ~ 图 4.4-10 所示。

图 4.4-8 太阳能路灯

图 4.4-9 节约用电宣传标语

图 4.4-10 LED 节能灯具

4.5 节地与土地资源保护

4.5.1 依法办理用地手续，合理科学制定用地指标

（1）根据工程特点和现场实际情况，结合地域特点，制定科学合理的节地目标，并对目标

进行量化。针对量化指标采取相应技术措施及优化方案，对指标完成效果进行对比分析，并形成报告。

（2）施工用地应具有审批手续，且手续齐全合规。临时设施不宜占用绿地、耕地以及规划红线以外的场地，如需占用红线外临时用地须办理相关手续。

（3）施工现场应避让、保护场区及周边古树名木。

4.5.2 统筹规划临建设施

临建设施要统筹规划、施工总平面图布置应分阶段策划。临建设施与绿化面积应按不同施工阶段分别统计计算，测量及记录方法科学合理，数据真实，持续改进。充分利用原有建（构）筑物、道路、管线，材料堆放尽量减少二次搬运。办公区、生活区分开布置，临建设施采用环保可周转材料，合理规划临建设施布局以及使用面积，减少临建设施占地面积，在满足使用需求的情况下应增加绿化面积，防止水土流失。施工总平面图根据现场施工进度分为基础施工阶段、主体施工阶段、装修施工阶段。统筹规划现场平面布置，充分考虑施工场区道路、材料堆放、安全通道等设施位置存放点。减少死角空地以及裸土，合理使用，节约用地。

4.5.3 施工用地保护与水土流失防治

应通过设计深化、施工方案优化、技术应用与创新等手段制定科学合理的节地与土地资源保护措施。持续提升现场绿化率，及时制定水土流失保持方案，制定专项水土保持措施，承担水土保持责任及义务。

根据现场设计勘查情况和实际作业开挖情况。应进行基坑开挖及支护方案优化，最大限度地减少对原状土的扰动。采用原土回填，对挖、填的土方平衡计算在施工现场附近的回填土方堆存量，减少水土流失。对弃土应综合利用，减少弃土量，使之符合生态环境要求。施工降水期间，对基坑内外的地下水位、构筑物实施有效监测，基坑降水可用作施工用水水源、降尘洒水、冲洗厕浴、绿化用水等，以减少对地下水的浪费。

为保护环境，建设环境友好型企业，应积极开展绿色建造，切实保护施工环境。制定科学的水土流失防治措施，对现场空地、大门以及场区外道路、工人生活区、办公区等场所，进行合理地绿化，种植灌木、草皮、花草，打造花园式施工环境，减少水土流失，提升现场绿化率。

4.5.4 现场应用实例介绍

本项目中，严格按照合同规定以及国家相关法律法规，合理规划现场平面布置。依法办理土地使用证、开工许可证等证件，及时办理红线外临时用地许可手续，合法合规完成相关资料的报备以及手续办理。

施工现场由4个地块、办公区和生活区组成。合理规划整个项目中各个地块之间、生活区、办公区间交通路线。按照消防要求设置消防通道、硬化临时施工道路、绿化人行道周边。对工人生活区、办公区进行绿化、硬化，防治水土流失。工人生活区、办公区设置节水装置，采用节水水龙头、节水马桶等措施。对道路临边采用排水沟及时将道路雨水排出，对裸露土方施行绿化以防止水土流失，如图4.5-1～图4.5-8所示。

图 4.5-1 硬化临时施工道路

图 4.5-2 人行道路两边绿化

图 4.5-3 工人生活区绿化

图 4.5-4 办公区绿化

图 4.5-5 节水设施（自动感应便池）

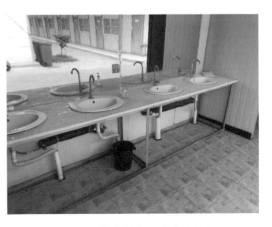

图 4.5-6 节水设施（节水水龙头）

图 4.5-7　临时施工道路侧排水沟

图 4.5-8　裸土绿化

施工场区临时设施统筹规划设计，临建设施占地面积有效利用率大于90%，根据使用需要设置房间大小以及房间布局，减少临建占地面积。对场区内部人行道路周边以及裸露土进行绿化。优化设计现场平面布局，根据施工进度从基础施工阶段、主体结构施工阶段、装修施工阶段统筹规划现场平面布置。在基础施工阶段对基坑支护、土方开挖方案进行优化，减少对原状土的扰动，计算

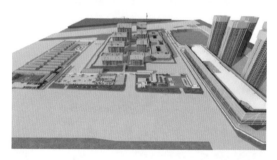

图 4.5-9　施工平面布置图

挖填平衡量，减少二次倒运，节约施工成本。在主体结构施工阶段，对现场平面进行合理规划，减少材料二次搬运，减少临时设施占地面积。在装饰装修阶段，及时穿插场区内的园林绿化施工。对有害物质分类收集，防止污染水土资源，如图4.5-9所示。

4.6 人力资源节约与劳动保护

4.6.1 职业健康安全管理体系及制度

施工企业成立职业健康安全管理领导小组，建立职业健康安全保证体系，项目经理为第一责任人，统筹建设完善的职业健康安全管理保护体制。明确责任分工，根据现场实际生产需求划分责任人，定岗定责统筹安排劳动安全保护，解决现场实际存在的问题，量化考核指标。对施工现场重大危险源识别并公示，以及对风险源进行全面识别。针对重大风险源，制定相关措施，超过一定规模的危险性较大分部分项工程应组织专家论证，并严格按照专家论证意见实施，保障施工人员职业健康。施工现场设置医务室，建立卫生急救、保健防疫制度，从事有毒、有害、有刺激性气味和强光、强噪声环境下施工的人员佩戴防护器具；制定完善的施工人员作业及健康保障制度。保障工人安全，提升工人职业技术水平。

4.6.2 职业健康安全保证措施

（1）应制定职业病预防措施，定期对从事有职业病危害的作业人员进行体检。

（2）生活区、办公区、施工作业区应有专人负责环境卫生。

（3）施工作业区、生活区和办公区应分开布置，生活设施远离有毒有害物质。

（4）现场应有应急疏散、逃生标志、应急照明及消暑防寒设施，并设专人管理。

（5）现场应设置医务室，制定人员的健康应急预案。

（6）生活区应设置满足施工人员使用的盥洗设施。

（7）现场宿舍人均使用面积不得小于 $2.5m^2$，并设置可开启式外窗。

（8）应制定食堂卫生、食材及生活用水管理制度，及器具清洁规定。

（9）卫生设施、排水沟及阴暗潮湿地带应定期消毒，厕所保持清洁，化粪池定期清掏。

（10）野外施工时，应有防止高温、高湿、高盐、沙尘暴等恶劣气候条件及野生动植物伤害的措施和应急预案。

（11）加强三级安全教育，采用现场指导、安全区体验、VR 安全体验教育工人，提升安全意识。

（12）落实安全责任旁站制度，及时排查施工现场"四口五临边"的防护设施。

（13）劳务管理制度编制及落实率达到 100%，安全标识及应急设施配置率达到 100%，机械设备 100% 达标安全，材料台账 100% 完整。

4.6.3 人力资源配置计划及教育培训

1. 人力资源配置

（1）应针对工程特点，制定科学合理的人力资源节约目标。

（2）应通过深化设计、施工方案优化、技术应用与创新等措施，提高施工效率，实现人力资源节约。

（3）人力资源节约量应按阶段、分工种、分阶段统计汇总，数据真实，并进行科学合理的对比分析，持续改进。

（4）针对量化指标所采取的优化方案、技术应用以及指标完成效果等，应进行对比分析并形成报告。

（5）采用信息技术结合劳务实名制刷卡出勤率、工人动态变化、施工工序节点等因素合理安排人力资源。使人力资源安排具有前置性、预判性，保障现场施工的合理进度。

（6）根据现场实际情况积极组织工人穿插施工，压缩工期，减少窝工闲置现象，提升作业面利用率，达到节约总用工量的目标。

（7）合理安排施工工序以及施工人员，利用 BIM 技术、广联达等加强施工过程管理，节约用工。

2. 教育培训

施工企业根据国家相关法律法规的要求，制定完善安全教育培训制度。提升现场施工人员的安全意识，增强自我保护能力。实现工人的从我安全到我要安全的转变，严格落实三级安全教育以及职业健康培训。

（1）首先进行入场安全教育培训，尽快让工人了解熟悉现场情况以及存在的安全隐患，掌握现场应急逃生路线，作业时佩戴好安全防护用品。

（2）加强安全技术交底、做好现场安全旁站，督促引导工人做到安全生产。采用 VR 技术、BIM 技术、现场安全体验区进行安全培训体验，提升工人安全防护意识。

（3）利用好工人夜校课堂，加强对工人在安全生产、生活中培训引导，提升自我防范意识。

4.6.4　现场应用实例

本项目中，根据现场实际情况，建立职业健康安全管理领导小组，负责现场工人的职业健康保护与安全生产总体指挥与部署。定岗定责落实责任分工，形成量化考核。施工现场构建安全生产双重预防体系，对危险源全面辨识，建立分级管控清单、作业活动风险评价、作业活动隐患排查清单等。在施工现场将重大危险源进行公示，并张贴岗位风险告知书。施工现场设置医务室，建立卫生急救、保健防疫制度，

图 4.6-1　分级管控清单及隐患排查

定期对从事有职业病危害作业的人员进行体检。从事有毒、有害、有刺激性气味和强光、强噪声环境施工的人员佩戴与其相应的防护器具。对现场超过一定规模危险性较大的分部分项工程应进行专家论证，并具有针对风险源的应急预案及演练记录，如图 4.6-1～图 4.6-5 所示。

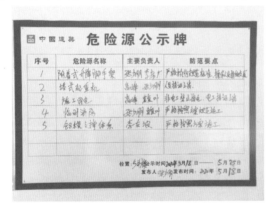

图 4.6-2　重大危险源公示

图 4.6-3　岗位风险告知书

图 4.6-4　工人体检中心

图 4.6-5　风险源应急演练

项目部制定了《施工人员职业健康安全管理制度》《施工人员休息管理制度》《施工人员休假管理制度》《施工人员加班管理制度》《安全技术交底制度》《三级安全教育培训制度》《职业技能培训提升制度》。切实保障工人职业健康安全，提升工人职业技术水平。保证工人正常安全生产生活、依法维护工人合法劳动保障权益，如图4.6-6和图4.6-7所示。

图4.6-6　加班管理制度　　　　　图4.6-7　休息管理制度

精心组织施工生产，合理穿插施工，应通过深化设计、施工方案优化、技术应用与创新等措施，提高施工效率，实现人力资源的节约。采用信息技术结合劳务实名制刷卡出勤率、工人动态变化、施工工序节点等因素统筹人力资源配置，使人力资源安排具有前置性、预判性，如图4.6-8所示。

图4.6-8　劳务实名制通道

生活区、生产区、办公区分开布置，采用物业化管理模式，由专人负责环境卫生。生活设施远离有毒有害物质，生活区设置满足施工人员使用的盥洗设施，现场宿舍人均使用面积不小于$2.5m^2$，并设置可开启式外窗；制定了食堂卫生、食材及生活用水管理制度和器具清洁规定，如图4.6-9～图4.6-12所示。

图4.6-9　项目浴室　　　　　　　图4.6-10　工人宿舍

图 4.6-11　工人餐厅　　　　　　　　　　图 4.6-12　卫生许可证

　　卫生设施、排水沟及阴暗潮湿地带定期消毒，厕所保持清洁，化粪池定期清掏。开办产业工人学校，在业余时间丰富工友的安全防护知识、专业技能、法律知识等。提升工人业余文化生活，让工人有获得感，提升工作激情。现场有医务室、应急疏散、逃生标志、应急照明及消暑防寒设施，并设专人管理。加强施工现场安全隐患排查，督促引导工人安全文明施工。落实三级安全教育，安全技术交底、安全旁站，保障施工人员职业健康安全，如图 4.6-13 ~ 图 4.6-18 所示。

图 4.6-13　消毒防疫　　　　　　　　　　图 4.6-14　产业工人培训学校

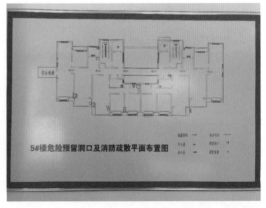

图 4.6-15　产业工人学校内部环境　　　　图 4.6-16　应急疏散

图 4.6-17　逃生标志　　　　　　　　　图 4.6-18　应急照明

4.7　环境友好型建造

4.7.1　绿色建造的意义与目标

1. 绿色建造的意义

为响应国家保护环境有关规定，呵护碧水蓝天，减少环境污染，创造环境友好型社会，就要求我们必须开展绿色建造。绿色建造作为建筑全寿命周期中的一个重要阶段，是实现建筑领域资源节约和节能减排的关键环节。绿色建造是建筑企业承担社会责任的具体实践，同时改变生产方式与管理方式有利于提升施工企业的创新竞争力，转变发展观念提高综合效益更有利于构建环境友好型社会。

深化设计、施工阶段技术创新和建设模式创新是建筑施工阶段实现绿色发展目标的基础支撑，更是实现建筑行业转型升级的重要保障。同时，有利于保护环境、节约资源，创造良好的经济效益和社会效益，从而推动整个建筑产业的绿色可持续发展。

2. 绿色建造的目标

（1）场界空气质量指数 PM2.5、PM10，不应超过当地气象部门公布数值。

（2）昼间噪声≤70dB，夜间噪声≤55dB。

（3）建筑垃圾控制固体废弃物排放量不高于 300t/万 m²。

（4）有毒、有害废弃物分类回收处理率达到 100%。

（5）污废水经检测合格后有组织排放。

（6）工地食堂油烟 100% 净化处理后排放。进出场车辆、设备废气达到年检合格标准。

（7）施工范围内文物、古迹、古树、名木、地下管线、地下水、土壤按相关规定保护达到 100%。

4.7.2　绿色建造管理体系及制度

项目经理对施工现场绿色建造负总责，分包单位应服从项目部的绿色建造管理，并对所承包工程的绿色建造负责。成立以项目经理为第一责任人的绿色建造管理体系，制定绿色建造管理责任制度，定期开展自检、考核和评比工作。成立绿色建造工作领导小组，统筹现场绿色建造要求的制定与指挥，严格落实绿色建造各项要求。

为完善绿色建造现场实施与管理，提高现场施工人员绿色建造意识，营造良好的绿色建造氛围，制定完善绿色建造管理制度，如：《绿色建造培训制度》《节约土地管理制度》《节能管理制度》《节水管理制度》《节约材料与资源利用制度》《扬尘污染管理制度》《有害气体排放管理制度》《水污染管理制度》《噪声污染管理制度》《光污染管理制度》《施工固体废弃物控制管理制度》《环境影响控制管理制度》《场地布置及临时设施建设管理制度》《作业条件及环境安全管理制度》《职业健康管理制度》。

4.7.3　环境保护措施

构建环境友好型社会要从设计到施工以及运行阶段，通过全方位绿色建造、节能减排，实现建筑业绿色健康可持续发展，从而推动建筑企业转型升级。建筑企业实行绿色建造、绿色运营，全方位进行统筹考虑，发掘新技术、新管理方法来降低能耗实现绿色发展。

建筑工程建设环境保护可以从设计之初，就植入绿色建造发展理念。采用低碳绿色环保型材料、减少资源浪费。

绿色建造作为建筑全寿命周期中的一个重要阶段，是实现建筑领域资源节约和节能减排的关键环节。在建筑工程施工过程中，要采用新技术、新设备、新工艺，进行技术创新降低环境污染。施工现场制定绿色建造专项方案按照相关规范要求制定科学有效的环境保护措施，落实施工企业环境保护职责，从生产源头采取措施，减少环境污染。

4.7.4　现场实际应用

本项目中，积极采用新技术、新工艺、新设备，合理规划现场平面布置，制定绿色建造方案，采用环保节能材料和多项绿色建造技术，提升技术创新与应用能力，推动建筑产业绿色建造可持续健康发展。

项目以科学技术为第一生产力，及时采用新技术、新工艺、新设备推动节能减排、降本增效，且收到了良好的实施效果。本项目在施工生产过程中应用到以下绿色建造技术：

（1）土钉墙支护技术。现场施工方便，适用性强，无泥浆污染。比排桩支护节省大量材料、比大放坡开挖节约土方开挖量，既经济节省又环保，如图4.7-1所示。

（2）基础底板、外墙后浇带，采用超前止水技术。在基础底板后浇带底部和外墙后浇带外侧增加一道混凝土预防水板，板（墙）中设置伸缩缝和止水带，在基础工程完成后进行外墙防水、土方回填等后续工作。当上部结构荷载能够抵抗地下水浮力时，可在后

图4.7-1　土钉支护施工

浇带封闭前停止降水。缩短降水时间，保护地下水资源，提前穿插外墙防水和回填土工程施工，如图4.7-2所示。

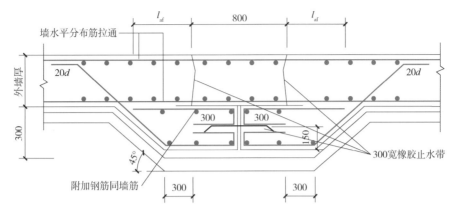

图 4.7-2　超前止水技术

（3）高强钢筋应用技术。将 HRB400 及以上强度等级钢筋作为主要受力构件配筋。对高强钢筋直径大于 18mm 的采用直螺纹连接技术，高强钢筋的锚固优先采用机械锚固技术，节省钢筋使用量约 12% ~ 18%，如图 4.7-3 所示。

图 4.7-3　直螺纹连接应用

（4）铝合金模板施工技术。采用工具式早拆支撑体系，具有模板安装施工速度快、拆模简便、倒模效率高、混凝土成型质量好、大幅减少建筑垃圾，同时构件表面可实现免抹灰。

（5）自爬式卸料平台施工技术。消除临时搭设卸料平台的随意性，用型钢代替钢丝绳，消除现场钢丝绳紧固的不确定性，可自行升降不占用塔式起重机，如图 4.7-4 所示。

（6）整体提升电梯操作平台技术。节省了材料投入、安全可靠，如图 4.7-5 所示。

图 4.7-4　自爬式卸料平台

图 4.7-5　整体提升电梯操作平台

（7）承插型盘扣式钢管脚手架技术。支架由立杆、水平杆、斜杆、顶托、托盘等组成，通过一定连接形成几何不变支撑。具有安全可靠、搭拆快、易检查，综合成本低、适用面广，比传统支架节省钢用量达 30% 以上。

（8）附着式升降脚手架技术。升降速度快，安全防护效果好，比传统脚手架减少用钢量达

50%以上，安全高效，如图 4.7-6 所示。

（9）远程监控管理技术。通过安装在施工现场的各类传感器，构建智能监控和防范体系实现对人、机、料、法、环的全方位监控，安全适用性强，现场管理效率高、成效好、可追溯。

（10）绿色建造在线监控技术。通过物联网技术对建筑工地实施 24h 监控并实时传输数据，系统可以对用电设备、用水设备、噪声、扬尘等数据采集并对环境 PM2.5 与 PM10 含量、环境湿度、风速风向等分别监控检测。系统防风、防

图 4.7-6　附着式升降脚手架

雨、防尘、支持无线传输，对水电消耗和环境指标情况进行统计分析，对环境检测发出预警信号，当扬尘超标时会智能报警。对绿色建造进行量化，自动监测，人为控制系统，保证绿色建造实施的效果，如图 4.7-7 所示。

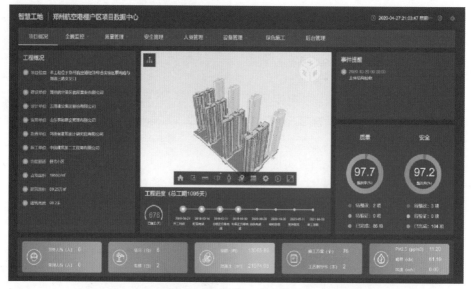

图 4.7-7　智慧工地大数据

（11）采用 BIM 技术建立工程全专业模型。用于技术管理与项目管理具有显著的综合效益，如图 4.7-8 所示。

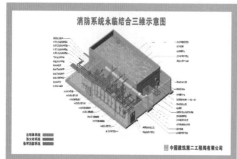

图 4.7-8　泵房 BIM 样板及实体

（12）变频施工设备应用技术。应用变频设备减少了能耗、运行平稳、提高了效率，如图4.7-9所示。

（13）消防管线永临结合技术。利用正式消防管线，作为施工阶段临时消防用水管线，避免重复施工，节约材料，如图4.7-10所示。

图4.7-9　变频施工设备应用技术

图4.7-10　消防永临结合

（14）临时设施与安全防护的定型化技术。采用标准化、工具化、定型化，按照一定规模生产，多次周转使用，安全可靠、美观实用，如图4.7-11所示。

（15）高层建筑垃圾垂直运输和分类收集技术。在建筑楼层内自上而下设置封闭管道，每层设置一个出料口，每隔三层设置一个缓冲器，同时在底部设置三级沉淀池和废料分离器以及垃圾回收站，实现建筑垃圾的回收利用。此技术减少了扬尘，可以重复使用，清运效率高，如图4.7-12和图4.7-13所示。

（16）施工现场自动洗车技术。采用全自动一体化洗车设备，洗车用水可循环利用，定期对沉淀池进行垃圾清理，如图4.7-14所示。

图4.7-11　临时设施定型化防护

图4.7-12　建筑垃圾垂直运输

图 4.7-13 建筑垃圾分类回收利用　　　　图 4.7-14 自动一体化洗车设备

现场还采用节约用电的综合控制技术、LED 照明灯具应用技术、临时照明声控技术、油烟净化技术、成品三级沉淀池应用技术、现场绿化综合技术、现场降尘综合技术、可再生能源利用技术、建筑垃圾减量化与再利用技术等。

充分发掘科技创新，从生产方式、工艺等方面进行节能减排绿色建造，不仅可以取得良好的经济效益，同时也会产生较好的社会效益，推动建筑产业转型升级，为保护环境做出贡献。

第5章 质量管控

5.1 质量策划

为确保公司质量体系在项目施工过程中运行的有效性，落实公司提升项目管理品质的经营理念和制度执行及标准化建设，使工程质量目标顺利实现，本项目部认真贯彻"策划先行"的管理理念，在项目开工前由项目负责人组织编制质量策划。

5.1.1 质量策划的组成

质量策划一般包括工程概况、工程特点与难点分析、工程质量目标、质量管理组织、质量管理实施、特殊过程及关键过程质量控制、质量样板引路计划、质量常见问题防治、质量问题和事故的处置、成品保护计划等十个方面内容，本项目根据自身工程的复杂程度、施工难度、质量目标等方面综合考虑，仔细研讨，详细策划，合理编制质量策划，以达到质量管理目标的顺利实现。图 5.1-1 展示了预留钢筋防锈的处理措施。

图 5.1-1　预留钢筋防锈处理

5.1.2 质量策划的开展

工程项目质量策划的开展，一般可以分两个步骤进行：总体策划和细节策划。项目以开展细节策划为主要任务，在不偏离公司对项目总体策划的前提下，由项目经理组织项目工程师和各部门负责人根据总体策划的意图进行项目的细部策划，将策划结果形成文件，诸如项目质量计划、施工组织设计、质量责任书等，在项目中进行下发、宣贯、学习，施工过程中加以控制，如图 5.1-2 ~ 图 5.1-5 所示。

5.2 样板引路

a）施工工艺三维动画演示

b）施工样板实景展示
视频：样板展示

c）水电样板实景展示

样板引路作为一种事前控制行为，可有效提升现场实体质量，是建筑施工过程中质量管理的重要措施之一，在各工序大面积施工前，现场就该工序按照施工图纸、施工规范及相关施工工艺标准要求做出样板，以便后续施工中按样作业，按样控制。

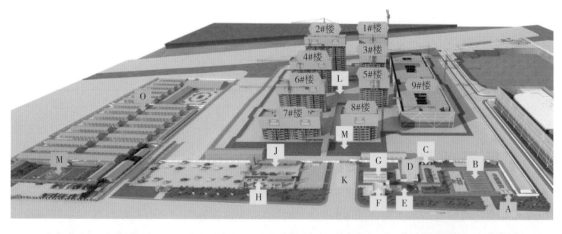

| A：接待处 | C：党建工作室 | E：文化长廊 | G：智慧工地及创新工作室 | J：建筑安全教育培训基地 | L：1号地块 | N：办公区 |
| B：主会场 | D：洗手间 | F：工程实体示范基地 | H：质量标准化示范基地 | K：劳务实名制通道 | M：海绵城市 | O：生活区 |

图 5.1-2　项目整体策划

图 5.1-3　质量管理计划书

图 5.1-4　质量策划书

图 5.1-5　质量创优策划书

5.2.1　样板策划

策划先行，项目在开工前先对样板引路工作进行总体策划，制定"样板引路实施计划""样板实施方案"，明确样板内容及样板要求，见图5.2-1、图5.2-2。

5.2.2　样板实施

（1）结合工程需要和项目实际情况，项目在现场内工程实体以外设置工法样板集中展示区，每个样板均设置展牌、展板，详细讲解工法技术要求和相关施工、验收规范。施工现场每道工序开始前，由项目经理、项目技术负责人根据工法样板对相关班组进行工法样板技术交底，以形象、直观、通俗易懂的形式，明确施工方法、操作工艺和验收要求，以保证现场施工过程和质量得到有效控制，如图5.2-3～图5.2-6所示。

图 5.2-1　样板引路实施计划　　　　　图 5.2-2　样板实施方案

图 5.2-3　样板引路　　　　　　　图 5.2-4　屋面施工样板

图 5.2-5　样本技术交底　　　　　　图 5.2-6　样板质量中心观摩

（2）项目除了设置工法样板集中展示区外，还在一号地门口按照 1:1 比例做了实体样板。实体样板的施工完全由现场优秀工人还原现场铝模、爬架、保温一体化、二次结构、装饰装修等工序的施工，样板可长时间保留，以便有效起到观摩、交流、学习的作用，如图 5.2-7 和图 5.2-8 所示。

图 5.2-7　工程实体示范基地

图 5.2-8　工程实体质量样板

（3）施工现场严格按照要求实施首件样板工程，项目质检员对所有的首件样板工程进行全过程旁站，详细做好相应记录。对实施过程中发现的问题及时与各部门进行沟通，提出可行的调整处理方案，保证首件样板工程顺利实施，如图 5.2-9 和图 5.2-10 所示。

图 5.2-9　首件质量样板

图 5.2-10　样板工程质量验收记录

（4）项目指定楼栋、楼层作为交付样板，样板层先于其他层施工。自单位工程主体结构验收完毕，即开始交付样板施工。样板层严格按照分部分项工序进行，每道工序施工完经验收合格后方可进行下道工序的施工，所有工序必须经样板层施工完毕且验收合格后方可大面积展开施工，如图 5.2-11 ~ 图 5.2-14 所示。

图 5.2-11　样板间 1

图 5.2-12　样板间 2

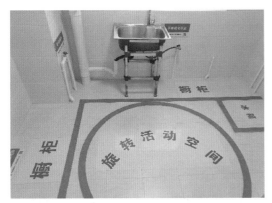

图 5.2-13 样板间 3

图 5.2-14 样板间 4

a）采用 VR 技术交底   b）答题考核

视频：技术交底

5.3 技术交底

为使工程实施人员了解工程的概况、特点、设计意图、采用的施工方法和技术措施，项目采取有形物（如文字、影像、示范、样板等）向工程实施人员进行技术交底，使工程实施人员对技术质量要求、施工方法与措施和安全等方面有一个较详细的了解，以便于科学组织施工，避免施工中质量问题的发生，提高施工质量。

5.3.1 技术交底分类及实施

技术交底分为施工组织交底、方案交底和分部分项工程施工技术交底。施工组织交底在项目施工组织设计批准后，由项目经理主持、项目总工程师组织向项目部全体管理人员和参与项目的分包单位相关负责人及劳务施工队伍的施工技术负责人交底。施工方案交底在项目施工方案批准后，由项目总工程师或施工方案编制人向方案中所涉及的项目管理人员、参与方案实施的分包及劳务施工队伍的相关人员交底。项目现场管理的工程师、技术负责人、质量负责人则向分包单位相关负责人及劳务施工队伍的施工技术负责人进行分部分项工程的技术交底。现场多以分部分项工程技术交底为主，交底地点、交底形式可灵活安排，取得了较好的交底效果，如图 5.3-1 和图 5.3-2 所示。

图 5.3-1 施工组织设计交底会

图 5.3-2 施工方案交底会

5.3.2 技术交底形式

技术交底可选择在会议室、农民工学校、样板展示区或施工现场等地点，除书面交底外，还配以视频、动画、语音课件、PPT 文件、样板观摩、信息化等多种形式，通俗易懂、形象直观、寓教于乐，如图 5.3-3 ~ 图 5.3-8 所示。

图 5.3-3　手持投影仪交底

图 5.3-4　动态样板引路交底

图 5.3-5　砌筑施工质量技术交底

图 5.3-6　屋面施工现场质量交底

图 5.3-7　早班会质量交底

图 5.3-8　施工前质量交底

5.4 质量过程控制方法

项目质量遵循"策划先行，样板引路，过程管控，一次成优"的质量管理方针，着力打造质量标杆工地。以企业《标准化管理手册》为质量管控核心纲领，精细策划，严格落实，建立"质量管理行为标准化""质量工艺做法标准化""质量监督与考核标准化"管理三部曲，做到思想统一、执行严格、注重工序。以标准化营造良好的质量管理氛围，以标准化提升工程的质量品质。

5.4.1 基础工程

1. 土方开挖

（1）基坑挖土质量应满足《建筑地基基础施工质量验收规范》GB50202 的规定，见表 5.4-1。

表 5.4-1 土方开挖工程质量检验标准

检查项目		质量要求/mm
		桩基、基坑、基槽
主控项目	标高	−50
	长度、宽度（由设计中心向两边量）	+200、−50
一般项目	表面平整度	20
	基底土性	达到设计要求

（2）土方分区开挖时，安排专职测量员每隔 2m 设置一个测量标高控制点，并在每个控制点上撒白灰进行标识。随时对基坑的标高进行把控，严禁出现超挖，如图 5.4-1 和图 5.4-2 所示。

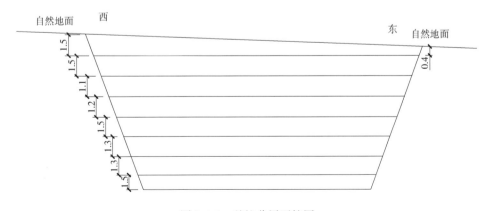

图 5.4-1 基坑分层开挖图

（3）开挖时，预留 100 ~ 200mm 的土方，采用人工清理，根据基坑内的控制线，调整边坡位置、集水井、电梯井的上下口线位置等，如图 5.4-3 所示。

2. CFG 桩

（1）测量放线。根据图样尺寸，先放出轴线，再放出具体桩位，轴线方向采用全站仪测量，桩位误差应小于 20mm，如图 5.4-4 所示。

图 5.4-2　基底清理效果

（2）验线。根据图样尺寸，对所放桩位进行自检、校核，确认无误后，用钢筋或竹筷作标志撒上白灰，便于对桩就位。桩位自检合格后报监理复检，并及时做好签证手续，如图 5.4-5 所示。

图 5.4-3　基坑开挖

图 5.4-4　CFG 桩图

图 5.4-5　全站仪放线

（3）钻孔

1）钻头对准桩位，误差小于 20mm，钻机调平，钻杆调直，垂直度误差小于 1.5%，在钻进过程中应经常调整垂直度，达到规范的要求。

2）根据业主给定的 ±0.000m，测量每个桩位的地面标高，从而计算出每个桩的设计深度,挂牌到每台钻机,实际验收深度不得小于设计深度。

3)根据地面标高及桩底设计高之差,在钻机塔身上作醒目标记,作为桩长控制的依据;钻机钻到设计要求的深度后,查看钻机塔身上的标记,判断桩长是否达到了设计长度,如图5.4-6所示。

(4)灌注混凝土

1)混凝土坍落度控制在160~200mm之间。

2)上提速度控制在1.2~1.5m/min范围之内。

3)灌注时间不能超过混凝土的初凝时间。

4)CFG桩接桩振捣时,振捣棒应快插慢拔,以保证混凝土的振捣质量,避免振捣不密实。

5)CFG桩接桩混凝土浇筑完成后,应对桩顶进行覆盖,并洒水养护,如图5.4-7所示。

图5.4-6 长螺旋钻机施工

5.4.2 钢筋工程

1. 组织措施

(1)建立健全质量保证体系,严格执行"三检"制度。

(2)选择信誉较好的材料公司,从源头上做好钢筋原材的质量控制。

(3)建立以领导班子为首的材料进场联合验收制度,安排项目部其他部门人员和物资部共同做好进场钢筋的检查验收工作,收集钢筋材质证明书、出场检验报告、合格证等相关的资料。

(4)钢筋进场后,由试验员负责联系监理单位,进行现场见证取样,及时将取样送试验室做复试,并将进场材料报验资料报送监理单位,如图5.4-8。

图5.4-7 长螺旋钻机与混凝土罐车

2. 原材质量控制措施

(1)钢筋进场后应按照相关规范、标准的要求进行外观检查和复试。进场钢筋应有出厂质量证明书或试验报告单,钢筋表面或每捆(盘)钢筋均应有标志。进场时应按批号及直径分批检

图5.4-8 钢筋进场带班验收

验，检验内容包括查标志、外观质量等，并抽取试样作力学性能检测，合格后方可使用。

（2）钢筋外观质量检查应符合以下要求：钢筋应平直，无损伤，表面无裂纹、颗粒状或片状老锈。外观质量的检查应全数检查，如图 5.4-9 和图 5.4-10 所示。

图 5.4-9　钢筋封样

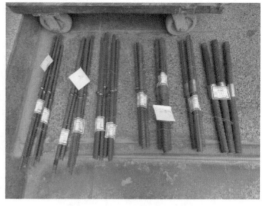

图 5.4-10　钢筋连接送检

3. 接头质量控制措施

（1）钢筋焊接质量保证措施

1）焊接操作人员必须持证上岗，成批焊接前应先对试件进行模拟焊接，合格后方可允许成批焊接。

2）焊机操作人员必须严格按照相应的焊机操作规程进行操作，严禁违章作业。严格执行自检、互检、交接检制度，加强质量检查监督力度。

3）电渣压力焊在整个焊接过程中，钢筋的上提和下送应适当，防止断路或短路；更换操作人员或更换钢筋品种时，应先制作若干个试件（最少两个），检验合格后方可继续进行。

4）电渣压力焊接接头完毕后，应停歇 20~30s，气温低时应稍加延长，才能卸下夹具，以免接头弯折。

5）带肋钢筋进行焊接时，宜将纵肋和纵肋对齐后再焊接，电渣压力焊时其径差不得超过 7mm，如图 5.4-11 和图 5.4-12 所示。

图 5.4-11　电渣压力焊接头外观质量　图 5.4-12　电渣压力焊连接绑扎后效果

（2）直螺纹套筒连接

1）钢筋先调直再加工，切口端面与钢筋轴线垂直，不得有马蹄形或挠曲。

2）不允许使用撕裂、掉牙、牙瘦或钢筋纵肋上无齿形等的不合格螺纹端头作为连接钢筋，对不合格螺纹端头可以切去一部分后再重新加工出合格螺纹端头。

3）对检验合格的螺纹端头必须一端戴上保护帽，另一端拧紧连接套以防止堆放、吊装、搬运过程中弄脏或破坏钢筋螺纹端头及连接套上的螺纹。

4）为了防止水泥浆等杂物进入连接套而影响接头的连接质量，一定要坚持取下一个密封盖再连接一根钢筋的施工顺序，如图 5.4-13 和图 5.4-14 所示。

图 5.4-13　直螺纹钢筋切头

图 5.4-14　直螺纹打磨和成品保护

4. 钢筋安装质量保证措施（见表 5.4-2）

表 5.4-2　钢筋安装质量保证措施

施工内容	质量控制点/项目	质量保证措施
钢筋加工	1. 配筋单	1. 放大样 2. 专业人员进行配筋 3. 专人进行审核、审批
	2. 钢筋加工的形状、尺寸	1. 严格按料单下料 2. 受力钢筋的弯钩和弯折、箍筋末端弯钩及平直段长度等符合规范和设计要求 3. 制作钢筋加工定型卡具 4. 用钢尺检查，并加强过程控制
	3. 直螺纹	1. 操作工人经过技术培训，持证上岗 2. 控制对接端头的长度 3. 加工对接端头的牙形、螺纹与连接套的牙形、螺距一致

（续）

施工内容	质量控制点/项目	质量保证措施
墙、柱钢筋绑扎	1. 墙、柱钢筋位置、间距	1. 测放水平和标高控制线 2. 使用竖向和水平梯子筋（控制墙筋位置） 3. 使用定距框（控制柱筋位置） 4. 制作皮数杆（控制钢筋竖向间距）
	2. 钢筋保护层厚度	使用塑料垫块
	3. 墙柱钢筋接头（绑扎及直螺纹连接）	1. 接头错开距离及锚固长度满足设计及规范要求 2. 直螺纹连接时，所连钢筋规格必须与套筒规格一致，钢筋和套筒的螺纹应干净、完好无损 3. 经拧紧后的滚压直螺纹接头应做好标记，单边外露螺纹长度不应超过1.5P（P为相临螺纹间距）
	4. 墙、柱钢筋绑扎扣朝向	绑扎丝扣必须全部向墙、柱中心线弯折
	5. 柱箍筋的加密范围	1. 加密区的高度不小于柱净高的1/6且≥500mm 2. 每个柱均用钢尺检查
	6. 墙、柱起步钢筋的位置	1. 墙体水平钢筋、柱子箍筋从楼板混凝土表面向上50mm 2. 随施工随检查
	7. 配合机电留洞，杜绝随意切割钢筋	绘制结构预留、预埋留洞图，细化配筋，施工中严禁随意切割
	8. 坡道处圆弧墙钢筋定位	1. 放出定位控制线 2. 在绑扎过程中，用钢管架支撑和钢索拉接
	9. 后浇带处钢筋的保护	采用钢丝网和脚手架保护措施，在后浇带位置设置醒目提示牌，禁止人员踩踏
	10. 防止钢筋污染	1. 顶板混凝土浇筑前，用特制钢筋套管套在每一根竖向主筋上 2. 及时清理个别被污染的钢筋上的混凝土浆及脱模剂
梁、板钢筋绑扎	1. 墙、柱插筋位置及数量	1. 加设定位筋 2. 全数检查墙、柱插筋的位置及数量
	2. 梁、柱接头钢筋密集区	1. 放大样 2. 钢筋排列位置合理，便于施工 3. 板钢筋保护层采用塑料卡保证
	3. 地下一层楼板钢筋与核心筒墙体的连接	楼板钢筋预埋在核心筒墙体内，绑扎前剔凿清理干净后进行搭接绑扎
	4. 钢筋定位及保护层厚度	1. 楼板使用钢筋马镫 2. 对于梁内双排及多排钢筋的情况，在两排钢筋间垫φ25的短钢筋
	5. 预留洞口加强筋及位置	1. 绘制结构预留、预埋留洞图，细化配筋，严禁随意切割 2. 加强过程控制

（续）

施工内容	质量控制点/项目	质量保证措施
组合结构	各施工缝处	楼板钢筋预埋在墙体或柱内，绑扎前剔凿清理干净后再进行搭接绑扎

具体钢筋安装质量保证措施效果如图 5.4-15 ~ 图 5.4-22 所示。

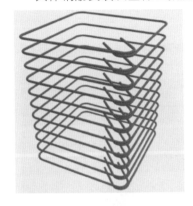

图 5.4-15 加工箍筋效果

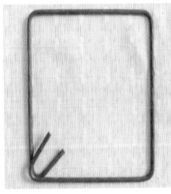

图 5.4-16 箍筋

图 5.4-17 基础钢筋绑扎

图 5.4-18 基础钢筋绑扎

图 5.4-19 柱插筋施工

图 5.4-20 梁钢筋绑扎

图 5.4-21 筏板后浇带钢筋防锈蚀

图 5.4-22 板底筋绑扎

5.4.3　模板工程

1. 木模板安装

（1）安装模板及其支架时，上、下层支架的立柱必须对准，并在最下层立柱托底上铺设垫板。

（2）模板拆除刷隔离剂时，首先清除模板表面的尘土和混凝土残留物后再涂刷。涂刷应均匀，不得漏刷或污染钢筋，也不应妨碍装饰施工，如图5.4-23和图5.4-24所示。

图5.4-23　模板清理

图5.4-24　梁板模板支设

（3）模板的接缝不出现漏浆现象；柱子和墙阳角处模板采用双面胶进行控制，在浇筑混凝土前，检查模板浇水湿润情况，不允许其有积水和垃圾出现。

（4）不遗漏固定在模板上的预埋件、预留孔和预留洞，且安装必须牢固。

（5）施工过程中，随时复核轴线位置、尺寸、断面标高，并做好记录。模板支撑必须牢固，确保几何形状，拼缝严密平整，保证混凝土浇筑时不漏浆。每批模板安装完毕后，及时对模板的几何尺寸、轴线、标高、垂直度、平整度、接缝、清扫口及支撑体系等进行验收，验收合格后方可进行下道工序施工，如图5.4-25和图5.4-26所示。

图5.4-25　模板标高检查

图5.4-26　模板垂直度检查

（6）每批模板拆除后应全数清理、保养并整修，以备再次使用。

（7）立柱墙模前先在柱墙模底位置的板面上用砂浆找平，使柱模标高一致。

（8）梁模安装：根据地坪上所弹的框架线，用吊线锤的方法安装梁底模，梁侧模拼缝错开。模板校正后，固定侧模拉通长模线，梁侧模两道龙骨，主龙骨用钢管，次龙骨用方管或木方，与承重架固定牢固。梁柱接头应留有清扫口，清扫口应位置正确，大小合适，开启方便，封闭牢固，在浇筑时应能承受混凝土的冲击力，不漏浆、不变形。

（9）混凝土板墙模板采用 $\phi16$ 穿墙螺栓，梁、柱截面大于等于 600mm 时必须加对拉螺栓，位置按照翻样图，主、次梁节点旁螺栓加密。墙、柱组合钢模板用双拼扣件管作横竖围檩，在相应楼层上预埋固定侧模抛撑的短管，模板校正后即用抛撑固定。

（10）门窗洞口、孔洞口模板保证尺寸准确，位置正确，口角方正，固定牢固。门窗洞口模板与墙面模板接触面宜加贴海绵条，防止此处模板漏浆，如图 5.4-27 所示。

（11）楼层标高、轴线位置的控制：轴线控制采用全站仪定位放线并进行二次复核，在楼层布设井字形控制轴线网向上一层引测轴线。标高控制用水准仪和钢尺进行高程传递，每四层复核一次。平台板标高经项目部验收后方可进行下道工序施工。

图 5.4-27 模板拼缝处粘贴海绵条

2. 铝模板安装

（1）模板垂直度控制。对模板垂直度严格控制，在模板安装就位前，必须对每一块模板先进行复测，无误后，方可安装模板。

1）模板拼装配合，工长及质检员逐一检查模板的垂直度，确保垂直度偏差不超过 3mm，平整度偏差不超过 2mm。

2）模板就位前，检查顶模位置、间距是否满足要求。

（2）顶板模板标高控制。每层顶板抄测标高控制点，测量抄出混凝土墙上的 500mm 线，根据层高及板厚，再沿墙周边弹出顶板模板的底标高线，如图 5.4-28 所示。

（3）模板的变形控制

1）墙模支设前，竖向梯子筋上焊接顶模棍（墙厚每边减少 1mm）。

2）浇筑混凝土时，做分层尺竿，并配好照明，分层浇筑，层高控制在 500mm 以内，严防振捣不实或过振。

3）门窗洞口处对称浇筑混凝土。

4）模板支立后，拉水平、竖向通线，便于混凝土浇筑时观察模板变形、跑位。

5）浇筑前认真检查螺栓、顶撑及斜撑是否松动。

图 5.4-28 铝模板（梁模）支设

6）模板支立完毕后，禁止模板与脚手架拉接。

（4）模板的拼缝及接头处不密实时，用塑料密封条堵塞；铝模板如发生变形应及时修整，如图5.4-29～图5.4-32所示。

图5.4-29　铝模模板支设

图5.4-30　铝模板（梁模）支设

a）

b）

图5.4-31　铝模浇筑成型效果

图5.4-32　混凝土成型后整体观感

（5）窗洞口模板。在窗台模板下口中间留置 2 个以上排气孔，以防混凝土浇筑时产生窝气，造成混凝土浇筑不密实，如图 5.4-33 所示。

（6）与其他工种作业的协调配合。合模前应与钢筋、水、电安装等工种协调配合，封模令发放后方可合模，如图 5.4-34 所示。

混凝土浇筑时，所有墙板全长、全高拉通线，边浇筑边校正墙板垂直度，同时，应派专人专职检查模板，发现问题及时解决。

为提高模板周转、安装效率，事先按工程轴线位置、尺寸将模板编号，以便定位使用。拆除后的模板按编号整理、堆放。安装操作人员应采取定段、定编号负责制，如图 5.4-35 所示。

图 5.4-33 窗台、洞口模板安装

图 5.4-34 水管、电线盒安装固定

图 5.4-35 模板编号

5.4.4 混凝土工程

1. 商品混凝土质量控制

（1）商品混凝土公司在浇筑混凝土前，应提供配合比、原材料检测等技术资料。

（2）混凝土浇筑前必须检查商混站的原材料及实际配合比。

（3）混凝土坍落度应在浇筑点检测，每 100m³ 不少于一次，且每工作台班不少于两次，必要时可增加检查次数，同时观察混凝土状态。有入模温度要求时，应检测入模温度。

（4）每次浇筑混凝土，应按试件留置计划做试块，并及时收取试验报告，掌握强度信息。

（5）按公司要求进行混凝土回弹，检查商品混凝土的整体质量水平，如图 5.4-36 ～ 图 5.4-38 所示。

2. 标养室

现场设置标养室（标养箱数量满足项目规模要求），项目试验员为标养室的管理负责人，标养室养护的温度（20±2）℃和湿度（95%以上）应满足要求；规范各类试块的制作和养护，严禁对混凝土试块弄虚作假或委托商混站制作试块，如图 5.4-39 所示。

图 5.4-36　商混站检查

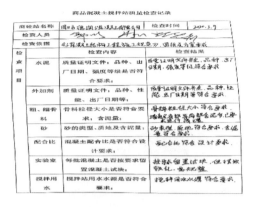

图 5.4-37　商混站检查记录

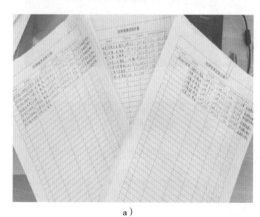

图 5.4-38　混凝土回弹记录表及台账

3. 混凝土浇筑

严禁在混凝土施工过程中加水。在混凝土浇筑点 30m 范围内不宜设置水源，浇筑点设置摄像头监管，如图 5.4-40 所示。

图 5.4-39　标养箱

图 5.4-40　现场旁站

4. 浇筑作业面管理

采取举牌拍照、拍摄短视频等方式加强混凝土旁站管理，不同强度混凝土浇筑前必须在作业面挂设图牌；墙柱比梁板混凝土设计强度高两个等级及以上时，应在低强度等级的构件中采用快易收口网做分隔措施，严禁混凝土浇筑过程中发生串号现象，如图5.4-41、5.4-42所示。

图5.4-41 混凝土浇筑公示牌　　　　　　图5.4-42 混凝土浇筑旁站

5. 混凝土收面

一般楼板混凝土浇筑采用平板振动器，车库顶板等较厚板面宜采用振动棒；原结构面直接进行防水施工的部位（厨卫间、屋面及地库顶板）应采用二次收面，以提高结构面混凝土的密实度和平整度，如图5.4-43和图5.4-44所示。

图5.4-43 平板振动器　　　　　　　　图5.4-44 挂线抄平

6. 施工缝处理

墙柱施工缝处应凿除混凝土表面的浮浆和松动软弱层，露出混凝土内石子，并在合模前将杂物清理干净，如图5.4-45所示。

7. 养护

项目中应安排专人落实混凝土养护工作。夏季高温天气时，应加大洒水养护频次，保持混凝土湿润状态；冬期施工时，应落实混凝土冬期施工测温保温措施，确保混凝土强度在龄期内的有效增长，如图 5.4-46 ~ 图 5.4-48 所示。

8. 同养试块

混凝土同条件养护试块应设置专用试块笼，放置在相应楼梯平台处，如图 5.4-49 所示。

9. 楼板厚度控制

楼板厚度宜采用楼板厚度控制器（图 5.4-50）；楼板单层钢筋网片位置，且有两排及以上线管或两层线管重叠处宜设置防开裂钢筋网片，如图 5.4-51 所示。

图 5.4-45　墙根施工缝连接处凿毛

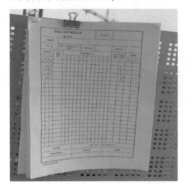

图 5.4-46　混凝土养护台账　　　图 5.4-47　洒水养护　　　图 5.4-48　混凝土覆盖保温养护

a）　　　　　　　　　　b）

图 5.4-49　同条件养护试块

图 5.4-50　楼板厚度控制器　　　图 5.4-51　线管处附加钢筋网片

5.4.5 SW 建筑保温一体化

（1）首先熟悉设计意图，合理编制混凝土保温剪力墙结构工程施工方案。

（2）认真将钢丝网架板在模板中的位置按设计要求固定牢固。

（3）严格按施工方案进行混凝土浇筑，确保保温板不会向内位移。

（4）在施工全过程中开展质量管理小组活动，争取把质量问题解决在萌芽状态，如图 5.4-52 所示。

图 5.4-52　质量管理小组会议

（5）为保证混凝土保温剪力墙墙体结构保温体系的施工质量，项目部成立质量检查小组，各楼号设负责人一名，对各楼进行质量检查控制。

（6）保温材料的堆积密度或表观密度、导热系数以及板材的强度、吸水率，必须符合设计要求；保温层的含水率符合设计要求，如图 5.4-53 所示。

a）　　　　　　　　　　　　　　　b）

图 5.4-53　保温板进场检查与验收

（7）保温层施工。块材保温材料应固定牢固，拼缝严密，位置正确；块材保温层厚度的允许偏差为 ±5%，且不得大于 4mm，如图 5.4-54 所示。

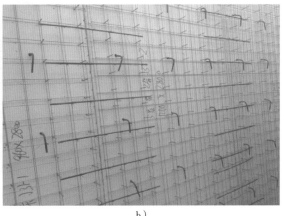

a）　　　　　　　　　　　　　　　b）

图 5.4-54　SW 保温体系 L 形钉

（8）保护层施工。混凝土保护层应表面平整、振捣充分，不得有裂缝；混凝土保护层的厚度和钢筋网片的位置以及分隔缝的位置和间距应符合设计要求；混凝土保护层表面平整度的允许偏差为 5mm。

（9）做好施工作业人员的技术服务工作。对施工作业人员进行技术培训，规范作业，严格执行施工规程、设计及施工技术要求，如图 5.4-55 所示。

a）   b）

图 5.4-55　保温施工交底

（10）优选施工人员。项目部组织骨干队伍，挑选出责任心强、技术水平高的施工人员进行施工，过程中及时发现并解决施工中的技术问题，确保施工过程中每道工序的施工质量。

5.4.6　砌体工程

1. 弹线

（1）根据图纸留设门洞。

（2）根据图纸进行预埋管并注意成品保护。

（3）按图纸要求对需要做砌体的部位在楼面弹线，如图 5.4-56 所示。

2. 拉结筋

（1）排版时应确定拉结筋位置，排版从上往下，应先确定顶部斜砌砖高度，再确定底部止水带及小砖高度。

（2）填充墙中的拉结筋采用化学植筋的连接方式时，植筋深度不小于 10d（d 为钢筋直径）且不小于 100mm。

（3）植筋孔应清理干净，不得有浮灰，植筋完成 36h 后应对其进行现场实体检测。

（4）拉结筋按设计要求设置，拉结筋末端设置 90°弯钩，弯钩长度 10d（d 为钢筋直径）。

图 5.4-56　砌筑放线

（5）植筋钻孔前，应提前与水电安装结合，避开水电预埋线管，避免破坏水电预埋线管，如图 5.4-57 和图 5.4-58 所示。

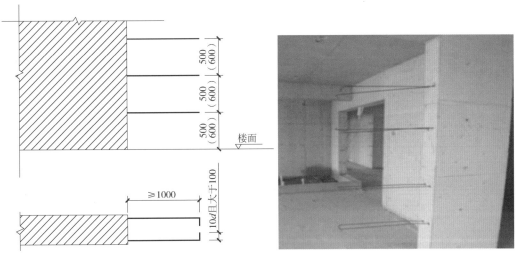

图 5.4-57 植筋示意图   图 5.4-58 墙体植筋

3. 砌筑墙体

（1）砌筑用砌块产品龄期不得少于 28d，堆置高度不得超过 2m，堆置时下部用垫板垫好，防止下部浸水。使用前提前 1～2d 对砌块进行浇水湿润，砌块表面湿润但无明水。

（2）砌筑前先绘制排版图。

（3）当蒸压加气混凝土砌块需断开时，使用专用的裁砖工具。

（4）砌筑时应上下错缝，搭接长度不宜小于砌块长度的 1/3，且不小于 150mm。

（5）水平灰缝厚度和竖向灰缝厚度 15mm，用百格网检测砌体砂浆的饱满度，砂浆饱满度不得低于 90%。

（6）墙体砌筑完成后，采用喷涂、盖章的方式，及时将实测实量数据上墙。

（7）加气混凝土砌块采用手动液压车进行运输，如图 5.4-59～图 5.4-62 所示。

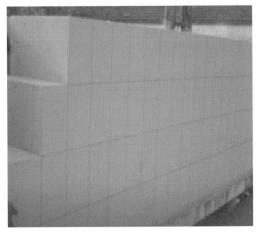

图 5.4-59 加气混凝土砌块

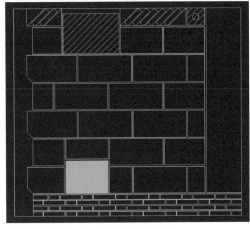

图 5.4-60 排版图

图 5.4-61　砌体工程质量检验标识牌　　　　图 5.4-62　加气混凝土砌块切砖机

4. 构造柱

（1）构造柱模板支模时，采用钢管支撑、对拉螺杆拉结，严禁使用"步步紧"。

（2）支模前在构造柱周边贴海绵条，防止漏浆。

（3）构造柱支模时在顶部设置混凝土浇筑的喇叭口，喇叭口的剔凿在结构验收后再进行。

（4）构造柱浇筑用混凝土采用商品混凝土，如图 5.4-63 和图 5.4-64 所示。

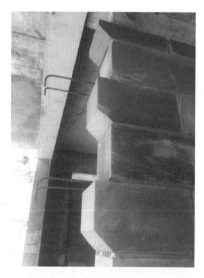

图 5.4-63　砌体墙马牙槎留置　　　　　图 5.4-64　构造柱成型效果

5. 预制构件

（1）项目在主体阶段应考虑二次结构的预制构件，可采用主体遗留的混凝土进行浇筑。预制构件的模具必须由专业工人进行支设，不得随意支设。

（2）预制过梁应提前制作，预制过梁强度等级、尺寸、配筋必须符合设计要求，预制过梁用混凝土应采用商品混凝土，留置相应同条件试块。

（3）门窗洞口预制块数量每边不得少于 3 块，对称布置，相差高度不得大于 600mm，如

图 5.4-65和图 5.4-66 所示。

图 5.4-65 预制块模板

图 5.4-66 预制件成型

6. 填充墙顶部斜砌

（1）填充墙与承重主体结构间的空（缝）隙部位施工，应在填充墙砌筑 14d 后进行。

（2）填充墙与承重主体结构间的空（缝）隙部位采用普通砖斜砌，从中间往两侧挤砌，斜砌角度 45°～60°，如图 5.4-67 和图 5.4-68 所示。

图 5.4-67 后砌墙效果

图 5.4-68 砌体墙样板

5.4.7 防水施工

1. 卷材防水

（1）基层清理。基层表面要求基本干燥，基层表面应平整、光滑，达到设计强度，不空鼓开裂、不起砂，无灰尘、砂浆疙瘩等杂物，如图 5.4-69 所示。

（2）涂刷基层处理剂。先在要做防水处垫层和防水导墙表面用长柄滚刷将冷底子油刷在已处理好的基层表面，并且要涂刷均匀，不得漏刷或露底。基层处理剂涂刷完毕，达到干燥程度（一般以不粘手为准），方可施行附加层的施工，如图 5.4-70 所示。

图 5.4-69　防水基层

图 5.4-70　防水基底处理

（3）附加层施工。集水坑等阴阳角、变形缝、施工后浇带等细部铺贴卷材附加层，宽度不小于 500mm，如图 5.4-71 和图 5.4-72 所示。

图 5.4-71　阴角附加层

图 5.4-72　阳角附加层

（4）弹线。先放出具体位置。从卷材起始边开始，根据卷材铺贴顺序和卷材的搭接长度弹好控制线。

（5）卷材铺贴

1）卷材铺贴时，底板平面卷材铺贴沿长向进行铺贴，方法采用"滚铺法"。

2）卷材铺贴均采用热熔满粘法施工。

3）卷材的搭接宽度为 100mm，如图 5.4-73 和图 5.4-74 所示。

（6）封边处理。卷材搭接缝处用喷枪加热，压合至边缘挤出沥青勾缝粘牢，如图 5.4-75 所示。

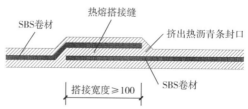

图 5.4-73　SBS 卷材搭接示意图

图 5.4-74　SBS 卷材搭接长度检查　　　　图 5.4-75　卷材封边效果

（7）闭水试验。防水层施工完成后进行闭水试验，闭水时间为 24h，如图 5.4-76 所示。

2. 防水涂料

（1）使用扫帚、吹风机对基层进行清理，使用水泥砂浆修补烂根、蜂窝及麻面处。

（2）阴角部位使用水泥砂浆做成圆弧角，管根部使用水泥砂浆做成圆弧台。防水施工前，先用堵漏剂将管根部涂刷施工一遍。

（3）根据标高控制线弹设上口水平线，四周沿墙面上翻高度应一致，并贴胶带纸涂刷。

（4）卫生间湿区上翻 1800mm。沿管道根部上翻 300mm，干区上翻 300mm，施工完成后揭掉胶带纸，保证上口整齐顺直，如图 5.4-77 所示。

图 5.4-76　屋面蓄水试验　　　　　　图 5.4-77　卫生间涂料防水

（5）第一遍涂层施工：用橡胶刮板均匀涂刮一层涂料，涂刮时要均匀一致。

第二遍涂层施工：在第一遍涂层固化 24h 后，在其表面刮涂第二遍涂层，刮涂方向必须与第一遍的涂刮方向垂直。

（6）试水：防水涂料施工完成后，待其干燥成膜后，进行蓄水试验。蓄水深度应能够覆盖整个地面和管根、墙根圆角部位，蓄水时间大于 24h，如图 5.4-78a、b 所示。

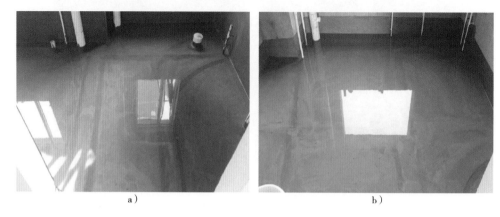

a）   b）

图 5.4-78　卫生间蓄水试验

5.4.8　机电安装

1. 根据总体质量策划对图纸进行深化设计和 BIM 深化优化设计

（1）图纸深化设计是基于设计院出图的基础上，结合项目施工实际情况与业主、设计院进行沟通、协调，深化各专业图纸以此达到方便施工且符合图纸要求的深化和标准化目的，如图 5.4-79 和图 5.4-80 所示。

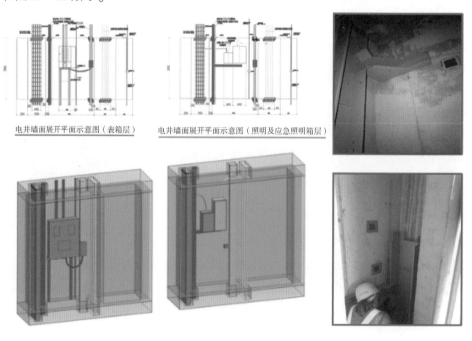

电井墙面展开平面示意图（表箱层）　　　电井墙面展开平面示意图（照明及应急照明箱层）

图 5.4-79　电气竖井设计优化、深化及标准化流程示意

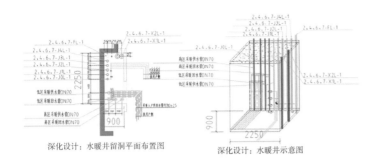

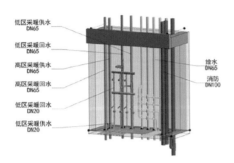

图 5.4-80　水暖井设计优化、深化及标准化流程示意

（2）BIM 优化、深化设计机电综合管线排布，机电各分项工程深化设计初步成果经过校核、集成、协调、修正及优化等设计深化和标准化实施流程，达到综合平面图、综合剖面图等标准化出图的目的，如图 5.4-81 所示。

随着社会经济水平日益提高，人们居住条件和生活质量得到大力改善，不同功率和使用功能的家用电器大量走进千家万户，当前住宅户内电气设计和使用均存在不同程度的问题，影响电气使用安全，从一定程度上也增大了经济支出。因此住宅户内电气点位深化设计要遵循安全、节约和实用原则，BIM 技术应用在户内电气点位深化设计中既可以直观地将二维深化图纸用三维展现出来，又可以提前模拟施工优化完善的电气施工方案，避免后期返工，节省工时，节约成本。

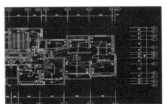

7号楼二层东单元电气CAD深化设计图

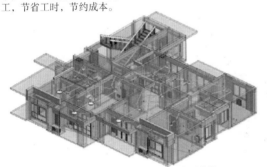

7号楼二层东侧标准层A、C2户型总览

7号楼住宅东单元户型电气线路平面图

图 5.4-81　BIM 户内电气点位设计优化、深化及标准化流程示意

2. 穿插施工

（1）大穿插施工。大穿插施工是指在主体施工的同时，将后续工作分层合理安排，实现主体结构、初装修、精装修的施工流水段划分，每个施工段进行合理的工序分解，按工序组织等节奏流水施工，形成空间立体交叉作业，每个施工工序由一个专业施工队伍负责施工，总包合理协调分配劳动力，组织整体大穿插施工，从而达到专业人员流水作业，提高工作效率，稳定

施工质量，缩短工期，节约成本，实现精细化管理的目的，如图 5.4-82 所示。

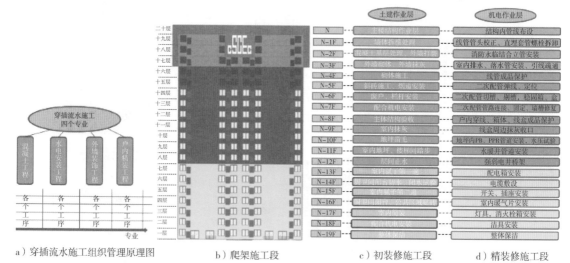

a）穿插流水施工组织管理原理图　　　b）爬架施工段　　　c）初装修施工段　　　d）精装修施工段

图 5.4-82　大穿插施工工序示意图

（2）小穿插施工。下面以机电安装工程为例来说明小穿插施工的工序及方法。机电安装工程是建筑工程的重要组成部分，涉及的工程范围广，专业知识的涵盖面多，施工过程贯穿于工程的始终。策划方案和管理人员是保证一个项目良好运转的前提，能够保证工程的质量，严格控制工程的进度，有效消除隐患，更好地保证工程的完工及交付使用。

为满足工程品质及保证机电安装工期，机电安装项目采取见缝插针，有序衔接的"N－1"穿插施工管理模式（"N"—管组分层标高及特殊部位；"1"—天数），前置条件需 BIM 深化设计、现场支架敷设完成。

穿插施工流水按照柱状图顺序施工，同时为节约施工日期，上一层机电管线施工 1d 后，下一层机电管线及时穿插，每层机电管线穿插施工时要做好上道施工成品保护工作。

而对于特殊部位则采用优先施工的方式。比如，狭小空间内消防主干管安装时，由于空间不够，管道无法放置在支架上，此部位就要提前施工，其他管线推迟 1d 顺序施工。

最后，为确保整体机电

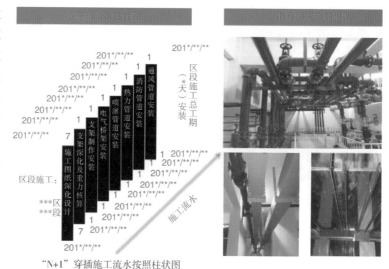

"N+1"穿插施工流水按照柱状图

图 5.4-83　小穿插施工工序示意图

管线施工工序的有序推进，各家劳务队必须严格贯彻落实区段施工计划，如图 5.4-83~图 5.4-86 所示。

图5.4-84　主体室内排水管穿插　　　图5.4-85　后砌墙穿线穿插　　　图5.4-86　主体室外排水管穿插

3. 科技创新促进标准化落地

项目中，根据实际情况，通过对消防系统永临结合深化设计和BIM技术的应用，实现了消防用水永临结合，通过科技创新促进了建筑标准化的落地，如图5.4-87和图5.4-88所示。

楼层单独布设消防用水专用管道　　　采用正式消防管道用于消防用水管道　　　实施后管道效果

图5.4-87　消防系统永临结合促标准化落地

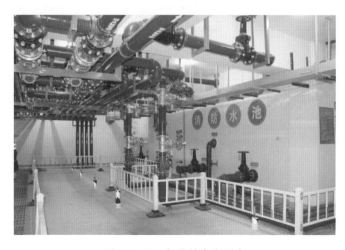

图5.4-88　永临结合水泵房

5.4.9 装饰装修工程

1. 抹灰

（1）混凝土墙体无缺陷，砌筑墙体无松动、砂浆饱满，表面无灰尘、污垢和油渍，平整度、垂直度控制在 ±5mm。

（2）不同墙体材料交接处、墙体开槽处，应采用防止开裂的加强措施，加强网应采用镀锌钢丝网，如设计无要求，加强网与各基体之间的搭接宽度不小于 100mm。

（3）加强网固定点间距不大于 150mm，加强网固定后应保证网片平整、连续、牢固、不变形起拱，如图 5.4-89 和图 5.4-90 所示。

图 5.4-89　不同材料交接处钢丝网

图 5.4-90　钢丝网搭接

（4）以一面墙为基准，用激光仪来确定抹灰厚度，灰饼用 1:3 水泥砂浆抹成 50mm 见方。

（5）灰饼从阴阳角 50mm 处开始，每个竖向立面灰饼为一组，上灰饼距顶板不大于500mm、下灰饼距地面不超过 500mm，灰饼间距不超过 1500mm，见图 5.4-91。

（6）两面相对的墙面灰饼应对称布置，便于检查验收房间尺寸，见图 5.4-92。

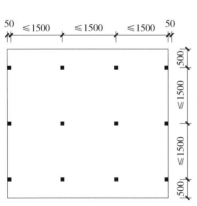

图 5.4-91　灰饼布置图

图 5.4-92　灰饼

（7）线盒、消防箱、电箱位置在左右各设置一个灰饼，见图 5.4-93。

（8）墙面采用钢丝网拍进行拍浆，见图 5.4-94。

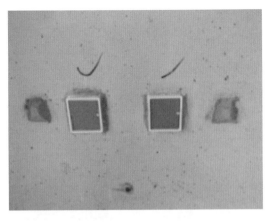

图 5.4-93　线盒两侧灰饼

图 5.4-94　钢丝网拍

（9）在拍浆前 2h 对基层墙面浇水湿润，拍浆时墙面不得有明水。拍浆完成后 24h 进行洒水养护，养护时间不得少于 7d，如图 5.4-95a、b 所示。

a）

b）

图 5.4-95　拍浆效果

（10）抹灰使用预拌干混砂浆（图 5.4-96）。抹灰用砂浆应在 3h 内使用完毕。气温超过 30°C 时在 2h 内使用完毕。

（11）抹灰应分层进行，严禁一次抹成，否则厚度过大会造成坠裂。铝模施工层砌墙抹灰厚度仅 1cm，底层抹灰厚度不超过 5mm，其余墙体抹灰底层灰厚度不应超过 1cm。

（12）待底层砂浆六七成干（根据各地气候状态，一般在 5h 左右），抹罩面砂浆，抹完后与灰饼平齐，罩面砂浆两遍成型。

（13）抹灰层在抹灰 24h 后进行养护，养护时间不得少于 7d（喷水养护，不得直接用水浇墙面），如图 5.4-97a、b 所示。

（14）墙面抹灰完成后，及时将抹灰数据上墙（图 5.4-98），其垂直度、平整度及阴阳角方正度偏差不得大于 4mm。开间进深偏差不超过长度推算值的 0.5%，且最大偏差不超过 ±10mm，级差不超过 15mm。

图 5.4-96 干混砂浆罐

a)

b)

图 5.4-97 抹灰收面

2. 车库地面（图 5.4-99）

（1）排水沟、集水坑周围埋设 L40 通长角钢，两侧角钢安装后净宽比盖板大 10mm（图 5.4-100）。

（2）排水沟内做聚合物防水砂浆抹灰层，沟底完成面排水坡度不小于 1%。

（3）盖板安装前用 5mm 厚橡胶垫片黏在角钢与盖板接触面。

图 5.4-98 抹灰工程质量检验标识牌

图 5.4-99 车库地面成型效果

图 5.4-100 集水坑盖板

（4）地坪施工前，检查有无渗漏，基层是否清理到位。

（5）地坪施工时，根据排水坡度每隔 1.5m 设置灰饼一个。

（6）地坪收面采用磨光机进行，地坪完成后 24h 进行养护，养护时间不少于 7d。

（7）混凝土地坪在终凝后 3d 内进行切缝。切缝前应先弹好线，每 6m 进行切缝，切缝深度为地坪厚度的 1/3 左右，靠近柱边周围应沿着柱周围 200mm 切成回路。

（8）环氧树脂地坪做到颜色一致、无色差，如图 5.4-101 和图 5.4-102 所示。

图 5.4-101　车库整体成型效果　　　　图 5.4-102　环氧树脂地坪成型效果

3. 吊顶

（1）放线：根据设计要求对房间净高、洞口标高和吊顶及管道、设备进行复核，确定安装高度，然后将主龙骨及次龙骨线在顶板上弹出（图 5.4-103）。

（2）水电线管安装：安装吊顶内水电线管，其中重型灯具、电扇及其重型设备不得安装在吊顶龙骨上，应单独设置支吊架，水电安装完成后应办理验收及交接手续。

（3）固定吊杆（图 5.4-104）：采用膨胀螺栓固定吊杆。不上人吊顶，小于 1000mm 采用 $\phi 6$ 吊杆，大于 1000mm 采用 $\phi 8$ 吊杆；上人吊顶，小于 100mm 采用 $\phi 8$ 吊杆，大于 100mm 采用 $\phi 10$ 吊杆；如果长度大于 1500mm，还需加设反向支撑。其中灯具、风口及检修口要设置附加吊杆。

图 5.4-103　龙骨安装　　　　　　　图 5.4-104　吊杆安装

4. 楼梯

（1）楼梯踏步为水泥砂浆面层，踏步筋（图5.4-105）可采用集中加工（也可直接采购成品），踏步筋采用直径不小于8mm的光圆钢筋。

（2）踏步面层施工前，应弹好控制线或挂通线。楼梯成型效果如图5.4-106所示。

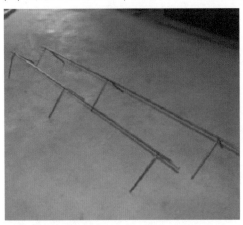

图5.4-105　踏步筋　　　　　　　　　　　　图5.4-106　楼梯成型效果

5. 室内涂饰

（1）室内腻子

1）腻子施工前基层应干燥、平整，基层含水率不大于10%。

2）基层无渗漏，如有裸露的金属件应做防锈处理，对基层高差超过10mm的部位用建筑石膏进行处理，基层杂物应清理干净。

3）腻子分两遍完成，第一遍腻子厚度小于3mm，第二遍腻子厚度小于2mm，每遍腻子完成48h后用细砂纸进行打磨。

4）阴阳角处需用专用阴阳角抹子（图5.4-107），阳角处应采用专用阳角条（图5.4-108）。

图5.4-107　阴阳角抹子　　　　　　　　　　图5.4-108　阳角条

5）厨房间、卫生间、楼梯间、敞开阳台，地下室等潮湿部位必需使用耐水腻子。

6）开关、灯口、箱体、管道口等处腻子收口时，四周应贴分色纸。

7）腻子完成后大面光滑平顺，无视觉停留点，平整度、垂直度及阴阳角方正度偏差不大于 2mm。如图 5.4-109 和图 5.4-110 所示。

图 5.4-109　阴阳角成型效果

图 5.4-110　腻子成型效果

（2）室内乳胶漆

1）涂刷第一遍底漆：腻子打磨后，将墙面清理干净，从上至下、从左至右涂刷底漆。

2）涂刷第二遍乳胶漆：乳胶漆不宜加水，涂刷前充分搅匀，从上至下、从左至右涂刷，待漆膜干燥后，用细砂纸将墙面小疙瘩或杂物打磨掉。

3）乳胶漆完成后，涂饰面应均匀、黏结牢固，不得漏涂、透底、起皮、反锈和出现斑迹，垂直度、平整度及阴阳角方正度偏差不得大于 2mm，如图 5.4-111 和图 5.4-112 所示。

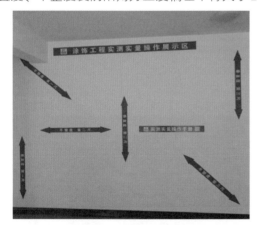

图 5.4-111　装饰实测实量展示区

图 5.4-112　交房样板展示区

6. 外墙饰面

（1）外墙涂料涂饰前，基层含水率不大于 8%，基层应表面平整、阴阳角方正。

（2）涂饰涂料前，应先涂刷抗碱封闭底漆。

（3）外墙涂料饰面完成后，墙面色泽应均匀一致、刷纹通顺，无流坠、皱皮现象；涂饰黏结牢固，喷涂厚度一致、清晰，墙面洁净。面层无露底、掉粉、起皮、泛碱、咬色或开裂等，如图 5.4-113 所示。

5.4.10 建筑屋面

（1）屋面保护层应设置分格缝。分格缝每6m设置一个，且面积不大于36m²，分格缝宽度为10~20mm。

（2）保护层完成后，分格缝处用油膏进行嵌缝，如图5.4-114所示。

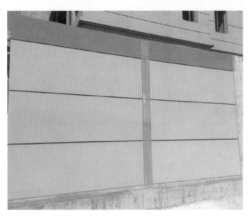

图5.4-113　外墙涂料效果图　　　　　　　　图5.4-114　分隔缝嵌缝

（3）设备基础根部采用宽度较小的面砖做成圆弧（图5.4-115），圆弧半径根据防水材料的种类确定。

（4）设备基础根部设30mm宽的分隔缝。

（5）屋面分格缝通过设备基础处时不间断。

（6）出风口根部四周设30mm宽分隔缝。

（7）设备基础顶部找坡坡度不得小于5%。

（8）风帽底座高度超过女儿墙且不低于周围门窗上口，见图5.4-116。

（9）上人屋面风帽底座的净高不低于2m。

图5.4-115　设备基础　　　　　　　　　　图5.4-116　风帽

（10）屋面爬梯安装要求牢固，并做好防腐防锈处理。第一步高度从屋面处起步不低于600mm，从地面处起步不低于2000mm。

（11）屋面爬梯根部需进行收口处理，见图5.4-117。

（12）屋面栏杆采用不宜攀登的构造，安装必须牢固，并能承受荷载规范规定的水平荷载。

（13）屋面栏杆安装完后距地面净高度不应低于1.10m。

5.4.11 质量检查实录案例

本项目中质量管理及检查现场图片如图5.4-118～图5.4-143所示。

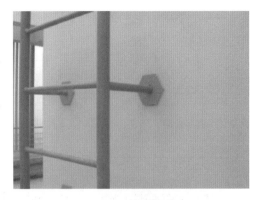

图5.4-117 屋面爬梯

图5.4-118 质量标准化示范基地

图5.4-119 材料验收

图5.4-120 钢管壁厚检查

图5.4-121 成品钢筋检查

图5.4-122 质量巡检

图5.4-123 过程检查

图 5.4-124　现场交底

图 5.4-125　混凝土覆盖养护

图 5.4-126　混凝土洒水养护

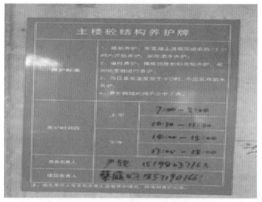

图 5.4-127　混凝土养护牌

图 5.4-128　拉片式铝合金模板

图 5.4-129　铝模立杆禁止拆除牌

图 5.4-130 实测实量

图 5.4-131 实测实量数据上墙

图 5.4-132 SW 建筑结构保温一体化

图 5.4-133 管线布置

图 5.4-134 下挂过梁

图 5.4-135 主体结构

图 5.4-136 窗台三台阶企口

图 5.4-137 滴水线一次成型

图 5.4-138 砌体工程

图 5.4-139 室内装饰装修

图 5.4-140 管线保护

图 5.4-141 管井管道安装

图 5.4-142 洁具安装

图 5.4-143 通风管道安装

第6章 安全生产

6.1 安全防护

6.1.1 基础阶段安全防护设施

1. 钢管扣件基坑临边防护栏杆

（1）距基坑临边 1.5m 处用钢管搭设临边防护，横杆三道，分别离地 120cm、70cm、20cm，立杆间距 2m，挂设 30cm 高蓝白相间挡脚板，见图 6.1-1。

（2）防护边转角处且不大于 50m 间距处设置夜间警示灯或太阳能充电警示灯，挂设提示牌。

2. 网片式工具化防护围栏

（1）网片式防护围栏适用于：地面施工区域分隔，场地硬化后的基坑周边等位置防护。见图 6.1-2。

图 6.1-1 钢管扣件基坑临边防护栏杆

图 6.1-2 网片式工具化基坑防护围栏

（2）立柱采用 40mm×40mm×2.5mm 方钢，在上下两端 250mm 处各焊接 50mm×50mm×6mm 的耳板，立杆统一使用竖向长孔耳板，横向围栏统一使用横向长孔耳板，两道连接板采用直径为 10mm 的螺栓固定连接。

（3）防护栏外框采用 30mm×30mm×2.5mm 方钢，每片高 1200mm，宽 1900mm，下部内

外两侧加200mm高钢板作为踢脚板，中间采用钢板网，钢丝直径或截面不小于2mm，网孔边长不大于20mm。

（4）立柱和踢脚板表面刷蓝白相间的油漆警示，钢板网刷蓝色油漆，并张挂"当心坠落"安全警示标牌。

3. 桩（井）口安全防护

（1）桩（井）开挖深度超过2m时，必须搭设临边防护。

（2）桩（井）口开挖大于1500mm时须搭设临边防护，栏杆距离洞口边缘大于1000mm。

（3）桩（井）口设置盖板进行覆盖。盖板四周采用L30×30×1.6角钢设置，其余采用φ16钢筋焊接，间距150mm，盖板尺寸应大于桩（井）口300mm。

6.1.2 主体阶段安全防护设施

1. 脚手架安全防护

（1）落地式外脚手架

1）落地式外脚手架基础应垫平夯实，在基础上沿外脚手架长度方向设置垫板，垫板材质可采用木脚手板或槽钢等，如图6.1-3所示。

图6.1-3 脚手架基础设置垫板

2）在立杆下部150mm处设置纵横向扫地杆，纵向扫地杆在上，横向扫地杆在下，均与立杆相连，如图6.1-4所示。

3）脚手架四周设置排水沟，采取有组织排水，如图6.1-5所示。

图6.1-4 扫地杆

图6.1-5 排水沟

4）落地式脚手架搭设高度超过30m时，需增设防雷接地，如图6.1-6所示。

5）脚手架立杆基础不在同一高度时，必须将高处的纵向扫地杆向低处延长两跨与立杆固定，高低差不大于1m，靠边坡上方的立杆轴线到边坡的距离不应小于500mm。

6）脚手架内外侧纵向水平杆间，增加至少一根纵向水平杆，并保证纵向水平杆间距不大于400mm。

7）脚手架在使用前应按规范要求进行验收，并挂验收牌。

（2）外脚手架立面防护

1）脚手架的钢管应横平竖直，转角位置的大横杆伸出转角不能大于200mm，小横杆外露部分应长短均匀。

2）脚手架立杆应分布均匀，大横杆应保持水平，每步脚手架应设置拦腰杆。

3）脚手架外侧满挂密目安全网，起步两步挂设红色安全网，其他部位挂绿色安全网，挡脚板按施工方案设计挂设。安全网竖向连接时采用网眼连接方式，每个网眼用安全绳与钢管固定；网体横向连接时采取搭接方式，搭接长度不得小于200mm。架体转角部位必须设置钢管作内撑以保证架体转角部分安全网的线条美观。

4）脚手架杆件使用前满刷一道防锈漆、二遍黄色面漆。

5）外脚手架要高出作业面一步。

6）悬挑外架在施工电梯及卸料平台位置须根据定位提前预留，且在外脚手架断开的端头自下而上设置"之"字撑，安全网单独使用一张，钢板网也要单独设置。

图6.1-6　防雷接地

图6.1-7　脚手架外侧密目安全网及连续剪刀撑

（3）外脚手架剪刀撑及横向斜撑设置

1）外脚手架应在外侧立面整个长度和高度上连续设置剪刀撑，如图6.1-7所示。

2）剪刀撑斜杆的接长必须采用搭接，搭接长度不小于1m，且不少于三个扣件紧固。

3）一字形、开口形双排架的两断口处必须设置竖向"之"字撑。

4）剪刀撑在施工电梯及卸料平台位置须根据定位提前预留，施工完毕立即完善，且在外脚手架断开的端头自下而上设置"之"字撑。

（4）外脚手架杆件布置

1）架体阳角处应设置5根立杆，靠外侧的阳角必须设置转角内撑杆，大横杆应连通封闭。

2）小横杆必须设置在主节点处。

3）外架杆件连接必须采用对接，立杆除顶层一步外，大横杆在架体端部和施工电梯、卸料平台预留处可以搭接，搭接长度不得小于1m。

4）采光井等特殊部位搭设架体时必须设置连墙构造，且要采取防止架体晃动的措施。

5）剪刀撑、连墙件等必须按方案随外脚手架同步搭设和拆除。

（5）外脚手架连墙件设置

1）连墙件应从第一步纵向水平杆处开始设置，在一字形、开口形两端必须增设连墙件，连墙件在转角和顶部处应加密。

2）连墙件每层均应设置，涂刷红色油漆警示，并每隔30m设置禁止拆除的标识牌，施工过程中严禁擅自拆除。

3）连墙件采用刚性连接，必须与外脚手架内外双排立杆水平拉接，连墙件伸出大横杆的长度与小横杆一致，混凝土浇筑前应提前安装好连墙件，预埋钢管点焊固定，预埋外露高度不低于150cm。

（6）外脚手架水平防护（主体施工阶段）

1）主体施工阶段，施工作业层应满铺脚手板或钢筋网片，下部设水平安全网，脚手板离建筑物结构的距离应满足规范要求。

2）竖直方向每隔10m高设置一道硬质隔断防护，并在其中间部位张挂水平安全网。

3）脚手板严禁出现探头板，并应采取可靠措施固定。

4）拉结点的杆件及扣件涂刷红色油漆。并在拉结点附近悬挂提示牌和禁止拆除标识牌。提示牌每隔30m设置一处，每层每面不少于2处。

（7）外脚手架水平防护（装修施工阶段）

安装及装修施工阶段，外脚手架竖向每隔10m必须满铺一层脚手板或钢筋网片，并在中间层满兜一道水平安全网，安全网必须兜挂至建筑物结构，如图6.1-8所示。

图6.1-8　中间层满兜一道水平安全网

（8）附着式升降脚手架

1）附着式升降脚手架使用单位应与具有专业资质的单位签订专业分包合同（一级资质可承担各类附着式升降脚手架的设计制造安装和施工，二级资质可承担80m以下附着式升降脚手架的设计制造安装和施工）。

2）专项施工方案应由专业承包单位按公司管理流程编制上报，经审批后方可实施。进场之前应对设备进行进场验收，直线段跨度不得超过7000mm，折线段外侧跨度不得超过5400mm，颜色可根据情况自主选择。

3）架体高与支承跨度的乘积不得大于110m²。

4）整体提升脚手架安装完成，安装单位自检合格后，工程项目的监理单位代表、施工单位和安装单位的技术负责人组成验收组，共同进行验收、签字，出具验收意见，验收合格方可使用，如图6.1-9所示。

a）

b）

图6.1-9　安装验收记录表

5）附着式升降脚手架每次升降前后，施工、安装单位必须对安全装置、保险设施、提升系统以及临边材料等情况进行全面检查，符合要求并履行签字手续后，方可升降或使用，如图6.1-10 所示。

a）爬架提升前验收表

b）爬架提升后验收表

图 6.1-10　爬架提升验收表

6）安装及更换竖向框架时必须使用带保险锁的挂钩拴住，竖向主框架所覆盖的每一个楼层处应设置一道附墙支座，处于升降状态时应保证有三道附墙支座。预埋在墙体及柱体上的附墙支座应做隐蔽工程验收。

7）架体的水平悬挑长度不得大于 2m，且不得大于跨度的 1/2，架体悬臂高度不大于 6m且不得大于 2/5 架体高度。

8）附墙支座应采用锚固螺栓与建筑物连接，受拉螺栓的螺母不得少于两个或采用弹簧垫圈加单螺母，螺杆露出螺母端部的长度不应小于 3 扣，并不得小于 10mm，垫板尺寸应由设计确定且不得小于 100mm×100mm×10mm。

9）附墙支座支撑在建筑物上连接处的混凝土强度应按设计要求确定，且不得小于 C15。

10）卸料平台在使用过程中不得与附着升降式脚手架各部位或各结构构件相连，其荷载应直接传递给建筑结构主体。

11）安全装置必须有防倾覆、防坠落和同步升降控制安全装置。防坠落装置应设置在竖向主框架处并附着在建筑结构上，每一升降点不得少于 1 个防坠装置，在使用和升降情况下都必须起作用，防坠落装置采用机械式的全自动装置，严禁使用每次升降都需要重组的手动装置。防坠落装置除应满足承载能力要求外，还应符合整体式升降架制动距离不大于 80mm、单片式升降架制动距离不大于 150mm 的要求。

12）附着式升降脚手架应设置监控升降的控制系统，通过监控各升降设备间的升降差或荷载来控制架体升降，该系统应具有升降差超限或超载及欠载报警停机功能。

13）高层施工应优先采用智能施工升降机，全封闭的钢板网及全封闭定型脚手板，爬架框架周边需设置警示灯，4 个大角必须设置常亮警示灯，如图 6.1-11 和图 6.1-12 所示。

图 6.1-11 附着式升降脚手架

a）

b）

图 6.1-12 附着升降式脚手架防污染盖板

2. 自爬升式卸料平台安全防护

（1）原理：通过附着支承装置附着在工程结构上，依靠自身的同步提升设备实现提升的电梯井防护施工平台。

（2）做法：自爬升式卸料平台主要由竖向主框架、附墙支座、防倾装置、防坠装置、控制系统及提升设备组成,施工平台架体以主框架为骨架搭设,架体高度9.9m,每节高度3.3m。

(3)自爬升式卸料平台能满足上下三层人员同时操作,提升速度平均为18cm/min,提升设备时仅需1~2名工人配合操作,有效节省了人工降低安全风险,如图6.1-13所示。

3. 电梯井操作平台

(1)操作平台的概述

1)电梯井操作平台及后续防护方式,均应编制专项安全施工方案。

2)主体结构施工期间,使用预制操作平台进行作业。

3)操作平台刷蓝色油漆。

4)在电梯井道墙体上预留4个孔洞,待混凝土浇筑完毕后,穿入4根销轴用于支持平台架体,如图6.1-14所示。

图6.1-13 自爬升式卸料平台

图6.1-14 电梯井定型化操作平台

(2)操作平台的技术要点

1)电梯井悬挑钢管脚手架应编制专项安全施工方案。

2)分段悬挑,跟随悬挑层设置工字钢,对应的两侧预埋不少于两个压环,工字钢横架在井口上,工字钢的数量和间距根据实际施工方案要求设置。

3)外侧立杆与井口间距不得大于25cm,每层需使用预埋件与架体连接,或使用钢管对顶在墙体上,以保证架体的稳定性。

4. 电梯井水平防护

1)电梯井道墙体预留150mm×150mm方孔,电梯井操作平台在提升离开后,采用钢管穿墙搭设网格进行防护,如图6.1-15所示。

2)在钢管平台上铺设50mm×100mm木枋,上铺硬质材料进行封闭或钢筋网片防护。

5. 临边洞口防护

(1)钢管连接件临边防护。定制加工直

图6.1-15 电梯井硬质防护

角弯头、三通、四通等多规格防护连接构件,依靠螺栓连接固定。使之定型化以便于拆装周转,如图6.1-16所示。

（2）网片式工具化防护围栏。

1）工具化防护围栏适用于框架及周边规则的楼层临边防护。

2）立柱采用40mm×40mm方钢,在上下两端250mm处各焊接50mm×50mm×6mm的钢板,两道连接板采用10mm螺栓固定连接。

3）防护栏外框采用30mm×30mm方钢,每片高1200mm,宽1900mm,底下200mm处加设钢板作为踢脚板,中间采用钢板网,钢丝直径或截面不小于2mm,网孔边长不大于20mm。

4）踢脚板表面刷蓝白相间油漆警示,立柱和钢板网刷蓝色油漆,并张挂"当心坠落"安全警示标牌,如图6.1-17所示。

图6.1-16　钢管连接件临边防护栏杆　　　　图6.1-17　网片式工具化防护围栏

（3）水平洞口防护。

当洞口防护短边尺寸小于1500mm时:

1）采用$\phi 6@150mm$单层双向钢筋作为防护网,在混凝土浇筑前预设于模板内。

2）模板拆除后,在洞口上部采用硬质材料封闭,并穿孔用铁丝绑扎于预留钢筋上,或者锯出相当长度的木枋卡固在洞口内,然后将硬质盖板用铁钉钉在木枋上,作为硬质防护,如图6.1-18所示。

3）表面刷蓝白相间的警示油漆。

4）当洞口安装管线时,可切割相应尺寸的钢筋网片,余留部分作为安装阶段的防护措施。

5）施工过程中可对临边及洞口防护统一进行编号,并在楼层内设置布置图,以方便管理,如图6.1-19~图6.1-21所示。

当洞口防护短边尺寸大于1500mm时（图6.1-22）:

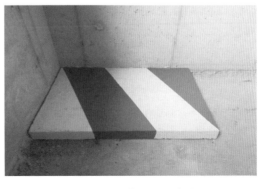

图6.1-18　水平洞口防护

图 6.1-19　洞口防护告知牌

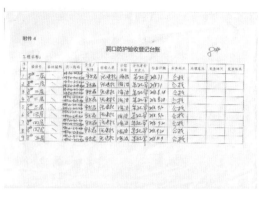

图 6.1-20　洞口防护验收登记台账

图 6.1-21　临边防护验收登记台账

图 6.1-22　工具式洞口防护栏杆

1）洞口四周搭设工具式防护栏杆，采取三道栏杆形式，立杆高度 1200mm，下道栏杆离地 200mm，中道栏杆离地 600mm，上道栏杆离地 1200mm，下口设置踢脚板并张挂水平安全网。

2）防护栏杆距离洞口边不得小于 200mm。

3）栏杆表面刷红白相间警示油漆。

（4）电梯井口防护标准要求：

1）电梯井口防护门材质参照网片式工具化防护围栏。

2）防护栏高 1.8m，宽度根据现场实际情况确定。

3）采用膨胀螺栓与墙面进行固定。

4）在防护门底部安装 200mm 高踢脚板，防护门外侧张挂"当心坠落""禁止跨越"等安全警示牌，如图 6.1-23 所示。

（5）后浇带防护

1）后浇带上用模板全封闭隔离。

2）两侧设砖砌式挡水坎，挡水坎应粉刷平直。

图 6.1-23　电梯井口防护

3）刷 300mm 宽蓝白相间警示漆，如图 6.1-24 所示。

6. 施工机具

（1）布料机。布料机无论在使用或不使用的状态下都必须拉结缆风绳，施工布料机应放置在专门指定的位置，堆放区域周边无固定可拉结物时应预埋直径不小于 20mm 的光圆钢筋环以便拉结缆风绳，如图 6.1-25 所示。

图 6.1-24　后浇带防护　　　　　　　图 6.1-25　布料机拉结缆风绳

（2）吊笼、料斗

1）气瓶吊笼。吊笼边框部分宜采用 L45×45×5 的角钢焊接。围栏宜采用 ϕ12mm 圆钢焊接，吊笼的尺寸根据现场实际情况确定，吊笼上部吊环使用 ϕ20mm 圆钢焊接牢固，顶部使用 5mm 厚度钢板封闭，吊笼应喷涂警示标语、限载标识等，如图 6.1-26 和图 6.1-27 所示。

图 6.1-26　乙炔瓶吊具　　　　　　　图 6.1-27　氧气瓶吊具

2）零散材料吊笼。四周方管龙骨加钢板网焊接固定，侧边可开启活动门卸料，耳板吊环，底部钢板满铺，底部焊接支腿，可以使用叉车进行短距离运输，侧边钢板网可使用钢板焊接固定成封闭状态，用于较大零散材料的吊运，如图6.1-28所示。

（3）氧气、乙炔瓶的存放

1）氧气、乙炔瓶距明火间距不得小于10m。

2）氧气、乙炔瓶存放间距不得小于5m。

3）氧气、乙炔瓶不得平放或暴晒。

4）氧气、乙炔瓶储存室应分开存放。

5）氧气、乙炔瓶应分开运输，存放及运输的设施应配备灭火器。

（4）圆盘锯防护（图6.1-29）、切割机防护

图6.1-28　零散材料吊笼　　　　　　　　图6.1-29　圆盘锯防护

1）在锯片上方应安装锯片防护罩，具体可依据现场实际情况定制。

2）圆盘锯传动装置应安装传动防护罩。

3）挂设操作规程牌，使用前进行验收。

4）切割机手柄必须安装绝缘手柄，并保证手柄完好。

5）转动皮带、轮位置要加装防护罩。

6）切割机应加装防护罩（图6.1-30），防止飞溅的碎末伤人。

（5）电焊机其他小型设备防护使用安全（图6.1-31）

1）电焊机一次侧电源线长度不得大于5m，二次焊把线长度不得大于30m。

2）电焊机应配装二次空载降压保护器。

3）电焊作业前应按要求办理动火证，作业时须配备监护人、接火斗及消防器材。

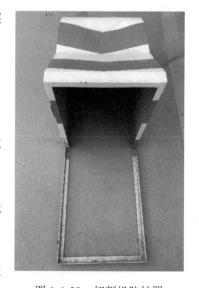

图6.1-30　切割机防护罩

4）小型设备外壳应做保护接零。

5）露天下不得冒雨从事带电作业。

6）设备接线处防护罩应齐全，接线不能裸露，严禁使用倒顺开关。

7）设备转动部分必须加装防护罩。

6.1.3 装饰装修及后期收尾阶段安全防护设施

1. 吊篮作业

必须使用厂家生产的定型产品。设备要有制造许可证、产品合格证和产品使用说明书。安装完成后经使用单位、安装单位、总包单位验收合格方可使用。吊篮验收需要查看电气控制系统中的接线、电控柜、保护装置、急停装置，安全锁自由坠落试验，空载、额定载、超载运行试验，制动器制动滑移距离、钢丝绳、安全绳、吊盘、传动系统等，见图6.1-32所示。

图6.1-31 电焊机防护罩

图6.1-32 吊篮构造示意

（1）安装前，必须对有关技术和操作人员进行安全技术交底，要求内容齐全、有针对性，交底时须双方签字认可，见图6.1-33。

（2）吊篮前梁外伸长度应符合吊篮使用说明书的规定；吊篮最大拼装长度控制在允许范围内，不能用作运送材料的吊斗，吊篮升降必须使用独立保险绳，绳径不小于12.5mm。

（3）吊篮应统进行编号，挂设高处作业提示牌。

（4）每班作业前，应对配重进行重点检查。每台吊篮由1~2人进行操作，严禁超过2人。

2. 砂浆机防护、水泥库房

（1）施工现场尽量使用预拌砂浆，并在机器周围进行功能区分隔，如不具备条件使用砂浆搅拌机，防护棚与定型水泥库房（图6.1-34）必须进行封闭，内部可使用模板进行封闭，也可在内部采用50mm×50mm的方钢焊制，外部必须使用彩钢板进行封闭防止扬尘，严禁使用泡沫夹心板，顶部满铺双层脚手板或钢筋网片等硬封，双层之间应保持700mm间距。

图6.1-33　吊篮安装前，对有关人员进行安全技术交底　　　　图6.1-34　定型水泥库房

（2）顶部防护棚挂设安全标语。

（3）水泥库与砂浆搅拌内部是连通的，方便水泥使用时的运输。

（4）四周设置排水沟，出料口位置设置挡台。

（5）内部设置除尘喷淋措施。

（6）在搅拌机附近合适区域根据实际大小需要专门砌筑围沙池或用砂浆罐（图6.1-35），沙池位置尽量避免频繁变更，在不使用时进行覆盖。

3. 外架及大型设备拆除

外架及大型设备拆除前应按要求对施工人员及相关配合人员进行安全技术交底，明确分工，统一指挥，并将危险因素和拆除情况对作业及周边人员进行告知公示、挂设拆除警示牌，在坠落半径外拉设安全警戒线、施工作业人员必须佩戴安全带，作业层拆除过程中不便于挂安全带时应单独设置一根安全绳，并对作业人员服装进行要求，安排专人进行旁站并填写旁站记录。

图6.1-35　砂浆罐

4. 临边洞口安拆与砌筑作业的安全防护

（1）施工现场楼面洞口防护实行编码数字化管理，装饰装修作业，临边、洞口等防护安拆频率高，隐患反复出现，因此可针对临边、洞口的防护安拆，实行作业面交接制度，严格按照申请、审批、工作面交接及后续验收流程，明确责任，并完善相关记录。

（2）安拆过程中，施工人员劳保用品必须佩戴齐全，拆除后留有专人进行看护，并设置警示标识。

（3）为保证砌筑工人临边作业安全，还可利用结构施工预留下的螺杆洞穿设钢丝绳，为砌筑工人挂设安全绳提供挂点。在投入少量资金的情况下，给工人提供良好的安全保障。

6.2 安全文明施工

a）VR 安全体验　　b）安全体验　　c）健康体检　　d）视频监控　　e）违章教育

视频：安全文明施工

安全文明施工工程实拍图见图 6.2-1～图 6.2-28。

图 6.2-1　实名制通道　　　　　　　图 6.2-2　安全通道

图 6.2-3　下基坑通道　　　　图 6.2-4　安全通道塔式起重机上人通道

157

图 6.2-5　定型化垃圾通道

图 6.2-6　消防应急物资存放柜

图 6.2-7　临时管线布置

图 6.2-8　临建及防护

图 6.2-9　电箱防护

图 6.2-10　临边防护

图 6.2-11　电梯口防护

图 6.2-12　氧气乙炔运输车

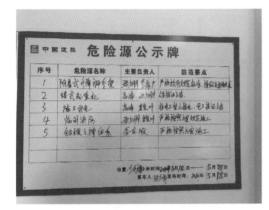

图 6.2-13　楼层危险源公示

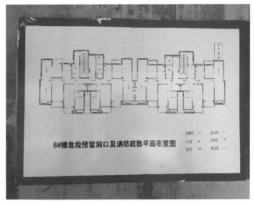

图 6.2-14　应急疏散指示图

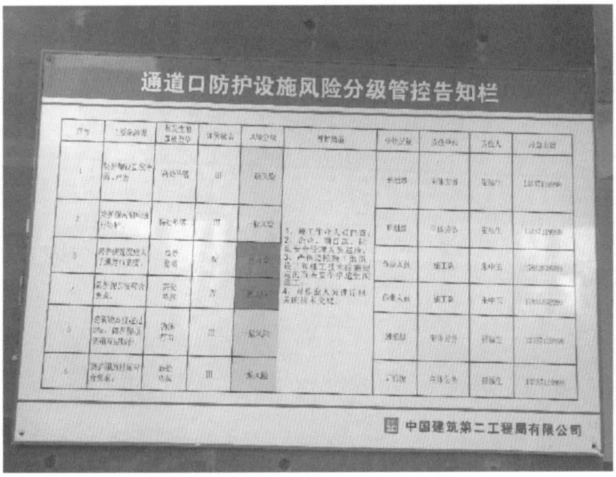

图 6.2-15　风险分级管控告知栏

图 6.2-16　风险标识

图 6.2-17　入场教育

图 6.2-18　班前教育

图 6.2-19　安全检查

图 6.2-20　设备检查

图 6.2-21　夏日送清凉活动

图 6.2-22　安全知识宣传活动

图 6.2-23　行为安全之星活动启动仪式

图 6.2-24　行为安全之星卡发放

图 6.2-25　行为安全之星奖品兑换

图 6.2-26　行为安全之星表彰

图 6.2-27　消防月活动

图 6.2-28　消防应急演练